優渥叢書

連行銷鬼才也佩服的76個

超爆點故事力

我該如何在 Line、臉書
推出狂銷商品呢？

孫清華 著

目次 Contents

前言　一款產品做到暢銷的真相

一家企業壯大的真相是什麼？這是電商企業家最常問我的問題。電商企業和傳統企業有很大的不同，電商業界變化迅速，今年是行業老大，明年可能就倒閉。

我們都知道「八二法則」。二〇%企業佔據整體社會八〇%的商業價值，二〇%的產品貢獻一家企業八〇%的銷售額。如何在一家企業甄別出那二〇%的產品？這是無數企業關心的問題。很多企業因為無法發現這二〇%的產品，導致無法做大、做強。以網路用語來講，這二〇%的產品就叫「爆款」，也就是我們說的「熱銷款」。

有時，一個爆款足以養活整家公司，例如：「老罈酸菜牛肉風味麵」就是康師傅公司的爆款；「青箭」和「Extra」口香糖是美國箭牌公司的暢銷爆品。這些公司就是靠這樣一款、一類、一個系列的產品，成為比較優秀的企業，所以一款產品足以拯救一家公司，並非虛話。

為什麼這個產品能崛起？為何八〇％的銷售額能由它產生？這樣的產品有何「特殊基因」，能從眾多品項中突圍呢？多數時間裡，我勤研商業規律，希望找到企業經營最重要的關鍵，也就是足以讓企業從小到大、由弱轉強、適應產業轉型，還能跨行業經營。最終，我發現企業做大的真相是「產品力重塑」。

產品力永遠是最根本的競爭力。這句話簡單直白，算什麼真相？這是人人都懂的道理呀！但是，正是人人都懂才最容易忽略。在經營上，我們迷信行銷推廣、明星代言、品牌包裝，執著於價格戰、銷量為王，卻意識不到產品本身的重要性。

產品力是什麼？就是產品本身的競爭力。產品力是「一」，後面的行銷推廣都是放大器。只有這個「一」持續存在，企業才可能實現十倍、百倍，乃至千倍的成長。產品力持續多久，企業的競爭力就持續多久。「一」如果消失了，再多的行銷推廣都無法拯救企業的衰敗。

產品力重塑是從根源提高產品的競爭力，讓競爭力與差異化聚焦成一個核彈頭，投到任何一處都能炸出個破口，讓企業從這個破口實現突圍。判斷產品力優秀與否最直觀的標準，便是能否在市場競爭中成為企業的爆款。解決這個問題，就解鎖了企業突圍的關鍵。通常一家企業就靠一個爆款突圍，一個爆款就足以成就一個品牌，這是提升品牌能見度最常見的一種形式。

爆款涼茶成就王老吉。

爆款雞尾酒成就銳澳（RIO）。

爆款兒童手錶成就小天才。

爆款保健酒成就勁牌。

爆款吸塵器成就小狗電器。

爆款掃地機器人成就科沃斯（Ecovacs）。

爆款豆漿機成就九陽。

爆款微波爐成就蘇泊爾（Supor）。

爆款面膜泥成就御泥坊。

爆款精油成就阿芙（Afu）。

爆款堅果成就三隻松鼠。

爆款煎餅果子成就黃太吉。

爆款黃燜雞米飯成就眾多連鎖店、單店……。

三隻松鼠從堅果零嘴轉型賣面膜，同樣的團隊與營運能力，卻做不過御泥坊。御泥坊是護膚品牌，但即使在品牌中加入精油品類並大力推廣，或者借助原來的粉絲大規模行銷，也做不過阿芙精油。為什麼？因為品牌的突圍都是靠爆款實現，爆款一旦形成，就成為消費者心中固著的品類標籤，所以優秀的品牌幾乎都是品類的代表。爆款可以靠什麼突圍呢？通常是一個核心賣點，光一個賣點就足以成就一個品牌。

「大吸力」成就老闆抽油煙機。
「安全」成就Volvo、藍寶堅尼。
「無添加」成就純甄、柚子舍。
「去屑」成就海倫仙度絲。
「無矽靈」成就滋源。
「快充」成就OPPO手機。
「不傷手」成就立白洗衣精。

新產品上市能否尋找到恰當賣點，是日後產品是否暢銷、建立品牌的重要因素。所謂「賣點」，無非是指產品具備前所未有、別出心裁的特色。本書內容聚焦在如何尋找、提煉產品的賣點，並援引大量的品牌案例說明這些賣點如何發想。全書是我從事品牌策劃多年的經驗總結，梳理很多品牌策劃人常用的思維，可以引領你進入設計賣點的大門，並且在「第3篇」附有實用的表格工具，可以多加利用。

賣點成就爆款

爆款成就品牌

洞見創造賣點的契機，找出爆點產品的規律，並習得進化賣點的模式後，完成產品的獨家進化。

第 1 篇

新鮮感和話題是什麼？

暢銷產品必定具備核心賣點

所謂賣點，一方面是產品本身與生俱來的特色，另一方面是由行銷策劃人的想像力和創造力所賦予產品。不論賣點從何而來，只要能落實於行銷戰術中，是消費者接受、認同的優點與功能，就能建立品牌聲望。

賣點有很多種類型，可以是材質、外觀、工藝、某個虛擬特質，但是核心賣點只有一種，是最能夠體現這個產品關鍵競爭力的殺手級賣點，瞬間讓人們記住，有別於其他產品，而這個極其明顯的競爭力便是核心賣點。競爭力與區隔度是核心賣點的兩個主要要素。

故事 1　洗衣精去除汙漬天經地義，但你家的洗衣機夠乾淨嗎？

洗衣精可能有很多賣點，例如：無添加、洗淨力強，這些都是賣點，但都不是核心賣點，因為多數洗衣精都具備這些賣點。

提到立白洗衣精，就會聯想到不傷手，那麼「不傷手」就是立白洗衣精的核心賣點（圖1-1）。因為其他的洗衣精品牌中沒有人主打這個賣點，所以能和其他品牌區隔，洗衣服洗久確實對雙手不好。出於對家人的呵護，選用不傷手的洗衣精，是不錯的選擇。

汰漬（Tide）洗衣精的核心賣點是去除頑固汙漬（圖1-2）。它與競爭對手的區隔就是頑固汙漬也可以清除，「有汰漬沒汙漬」洗得乾淨、徹底，既有競爭力又有區隔點。

Ariel（在中國稱為「碧浪」）品牌在洗衣

【圖 1-1】
立白洗衣精的宣傳廣告

【圖 1-2】
汰漬洗衣精的宣傳廣告

精市場是後起之秀，但是它在接近壟斷的紅海中取得一席之地，原因是Ariel找到自己的核心賣點——洗衣機清潔劑（圖1-3）。這個噱頭很好，多數家庭會用洗衣精洗衣服，而洗衣機清潔劑是一個嶄新的概念。「專業的人做專業的事」這樣的普遍認知，讓消費者認為洗衣機的清潔也應該對症下藥。

【圖1-3】
Ariel（碧浪）洗衣精的宣傳廣告

品牌突圍靠的是什麼？是產品的核心賣點。核心賣點便是企業的某項產品與其他同業產品相比較後，最有明顯競爭力的那一個。

產品為什麼需要核心賣點？因為電商競爭與線下競爭截然不同，電商平台將一個國家乃至全球的商家，都放在同個平台上競爭，平台上連衣裙的數量有一千三百多萬件、女包有三百多萬個、牛仔褲有五百多萬條……。市場上有這麼多參差不齊、同質化的產品，這就是很多電商避不開價格戰的原因，你必須把對手販賣同樣產品所設定的價格，一併納入考量。

產品的賣點很多，但很多賣點已經被你的同行使用殆盡。不同商家會從不同角度闡述產品的各種賣點，一千個商家就有一千個賣點，所以你得挖掘產品的核心賣點，否則市場機制會替你決定一切。

重點①　日本 Ariel 洗衣品牌的差異化定位

Ariel 在洗衣精市場是後起之秀，但它以洗衣機清潔劑的定位脫穎而出。

故事 2 ｜讓消費者從萬千同質化的補水面膜中，一眼相中你的產品

面膜這種產品的重點功能就是補水，能以此延伸上百種賣點。

深層補水，強調深透肌底。
快速補水，強調吸收更加快速。
調養型補水，強調邊補水邊滋潤肌膚。
修復型補水，強調晒傷之後修復臉部肌膚。
睡眠補水，強調在特定時間補水效果更好。
微分子補水，強調肌膚吸收不了就是假補水，微分子才容易吸收。
奈米補水，強調補水要細緻，奈米補水才細膩到位。
有氧補水，含礦物質的水才是好水。

消費者在萬千同質化的產品中，很難一眼看到你的產品。一個產品要突破重圍，必須找到核心賣點。什麼樣的賣點才算**核心賣點**呢？

超級賣點——有超越同行的競爭力。

新賣點——在同類產品裡有明顯的差異，給人耳目一新、獨樹一幟的感受。

獨家賣點——有唯一性，擁有不可複製的行業壁壘，而別人不會輕易具備。

重點② 補水面膜產品概念的延伸

即使同樣主打補水的面膜，但每一項產品都會再針對功能和客群做更細緻的劃分。

【哇！只有你有】同類產品中的TOP，擁有「超級」的競爭力

核心賣點的第一個層次就是超級賣點。超級賣點擁有超前同類產品一個層級的競爭力，具備超越性。舉個例子解釋什麼叫超級賣點。

故事 3｜少即是精品，一頭牛僅提供六個人吃

大家應該聽過王品牛排，在一些賣奢侈品的商場會看到這家店。

王品的廣告詞是「一頭牛僅供六客」（圖 2-1），意思是一頭牛僅供應六位客人食用，可見有多挑剔。我曾經去這家餐廳吃過一次牛排，一個人要價一千多人民

幣，是道地的貴族牛排。

「一頭牛僅供六客」這個賣點非常獨特：第一，這家餐廳對肉質非常講究，牛身大部分的區域都不要，只提供最好的部位給食客；第二，客人擁有極好的待遇，少數人才吃得到，尊貴感馬上顯現出來。

少代表精品、尊重，寧願細緻做好一客牛排，也不願意做普通牛排，這就是超級賣點，超越其他賣牛排的同行。即使一個人收費一千多，還是有很多人去吃，因此營利可觀。

【圖 2-1】　王品牛排的宣傳語

超級賣點是比同行層次更高的賣點，將競爭從產品上升到品牌乃至於理念的競爭，而能迅速從整個同類產品中突圍，奠立品牌價值。當一個品牌擁有爆發力，產品才能有更大的競爭力。那麼賣點要如何分出層次？**三流的企業賣產品，二流的企業賣品牌，一**

流的企業賣理念。

產品本身的賣點是最低層次的競爭，因為很容易被同行複製和借鑑。品牌的企業精神跳脫出產品本身，更有傳播價值，能把賣點提升至新的層面。最高境界的產品賣點是販賣理念，跳脫出產品和品牌兩個層面，站在行業高度為消費者提供新體驗，傳導新的決策觀念，這是上升至行業層級的一流賣點。

重點③　極致挑剔的王品牛排

從「一頭牛僅供六客」的標語，可以看出王品對牛肉選品的挑剔與用心。

故事 4 ｜ 不當販賣基礎產品的三流企業

哺乳枕是產後媽媽餵奶時會用到的一個重要產品，市場極大，利潤可觀，所以有一大批企業投入研發，端出各種賣點來搶佔市場。下個案例以哺乳枕為例，介紹賣點的等級與層次。

圍繞哺乳枕（圖 2-2）本身，很多企業找出與同行相比有競爭力的賣點：益生菌材質、抗菌防蟎、護脊椎零壓迫、彩棉布料、無印染、負離子填充、可幫助寶寶學坐和護腰的多功能哺乳枕。

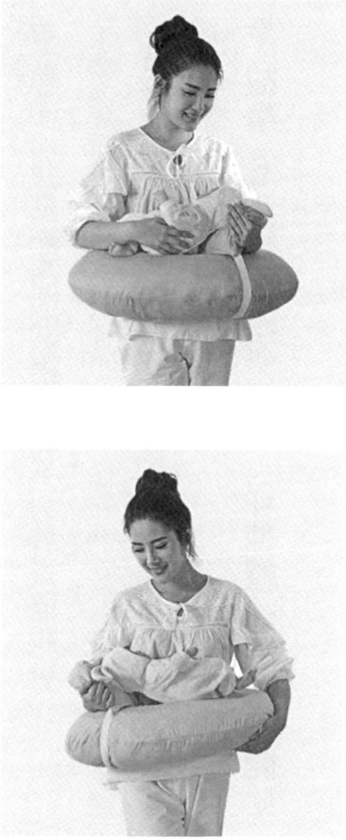

【圖 2-2】哺乳枕

以上所有賣點都能打動消費者，也有一定的競爭力，足以印證這項產品潛力驚人。

但這些賣點都可以被同行參考和複製，因為強調的都是產品的基本功能，只要生產工藝逐步進化，便會淪為普通賣點，所以產品本身的賣點很難持久。當賣點不再有競爭優勢時，就得看哪個品牌在哺乳枕行業最具品牌價值，而且深得消費者信賴，便可穩坐行業龍頭。

重點④　強調產品的基礎功能不利於長遠競爭

工藝會隨著時代逐漸進步，若僅強調功能性，容易被競爭對手模仿和超越。

故事 5　跳升二流企業，從翻轉品牌精神開始

品牌等級的賣點已脫離產品本身，提升到由企業背書的競爭。大多數的品牌等級賣點可以從以下幾個路線包裝，這裡以哺乳枕產品來舉例：

（1）國際路線——源自國外。消費者對於外國品牌的接受度較高，所以很多品牌強調這一點。哺乳枕產品中較有競爭力的是丹麥、歐美和日本品牌（圖2-3）。

（2）專家路線——育嬰師或醫師推薦。大品牌多會強調有研發和專家團隊，而小企業沒有這樣的實力，所以專家和意見領袖被品牌企業所搶佔。因此，價格貴的哺乳枕廠商大多宣稱，產品由專業醫學團隊研發，並邀請育嬰師推薦，由影視演員代言。

（3）精神路線——有獨立的品牌精神和特色。例如「只做無印染彩棉哺乳枕，由生態級負離子填充而成，是生態哺乳枕的堅持者」，這種對品質的要求與「一頭牛僅供六客」的品牌精神無異。

（4）其他軟實力——用全國連鎖企業、ISO國際標準驗證、歐洲標準驗證、專利技術研發等軟實力來包裝產品（圖 2-4）。

【圖 2-3】
丹麥駐中領事推薦品牌（a）

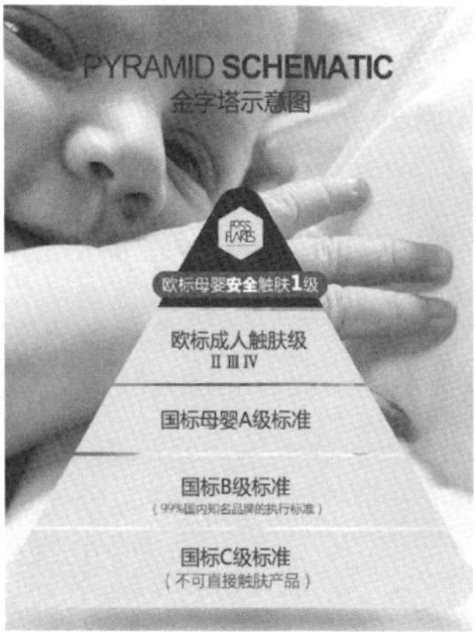

【圖 2-3】
丹麥駐中領事推薦品牌（b）

品牌層次的賣點會增加人們的信任感，在產品的基本賣點都能達成期待的前提下，會優先選擇有品牌力的產品。

【圖 2-4】專利品牌

重點⑤　將賣點層次提升為企業品牌之間的競爭

當消費者見到或聽聞某個品牌，能立即對產品或廣告產生印象，甚至是優先購買的選項之一。

故事 6　革新消費者的決策觀念，創造理念躋身一流企業

理念可以革新消費者的決策觀念，重新洗牌人們對品牌的認知，而你創造的賣點甚至會再次刷新行業內的標準。

當很多媽媽還在關注哺乳枕是不是彩棉材質，以及能否抗菌時，「45 度的哺乳枕才是科學的哺乳枕」成為媽媽們選擇的新標準（圖 2-5），因為寶寶胃的

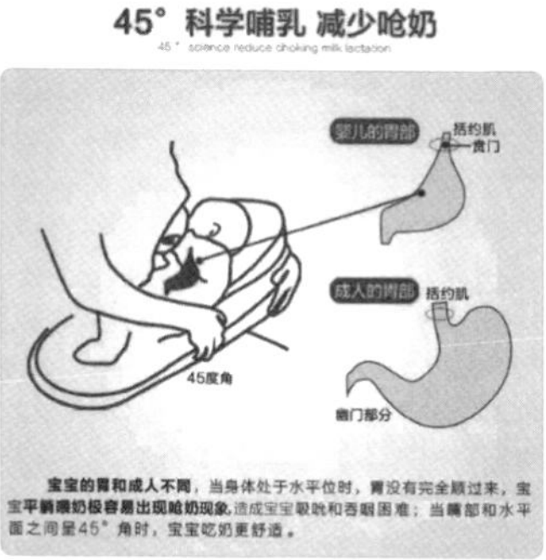

【圖 2-5】
45 度哺乳枕的宣傳廣告（a）

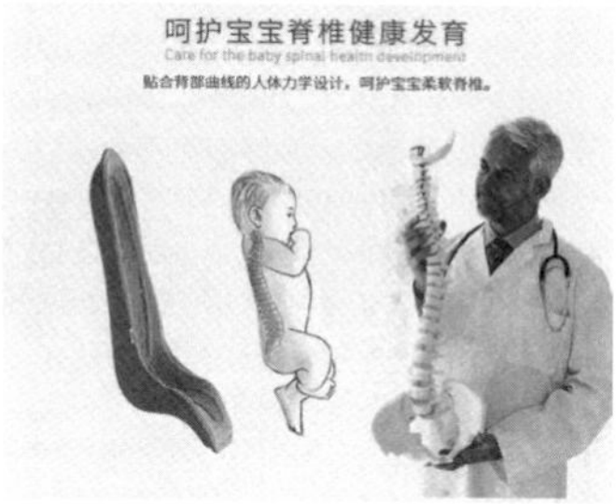

【圖 2-5】
45 度哺乳枕的宣傳廣告（b）

構造和大人不同，當哺乳枕維持四十五度時，寶寶不會嗆奶，媽媽不會壓到寶寶。於是，四十五度成為購買哺乳枕的安全新標準，不合格的哺乳枕則易導致寶寶嗆奶和骨骼變形。

理念層次可以對整個行業造成莫大衝擊，超越產品和品牌層次是更高等級的賣點。理念還可以細分為產品理念、品牌理念、認知理念。

如果企業想要有所突破，賣點必須明顯超越同行，而且讓消費者感覺它是超越性的賣點。根據這個標準，大家可以檢視自己的產品是否具備這種賣點。如果沒有，應該從現在開始思考產品的競爭力在哪裡。

重點⑥　重新洗牌人們的決策觀念

理念可以改變人們的決策觀念和習慣，重新洗牌消費者對品牌的認知，而你創造的賣點甚至能夠奠定新的行業標準。

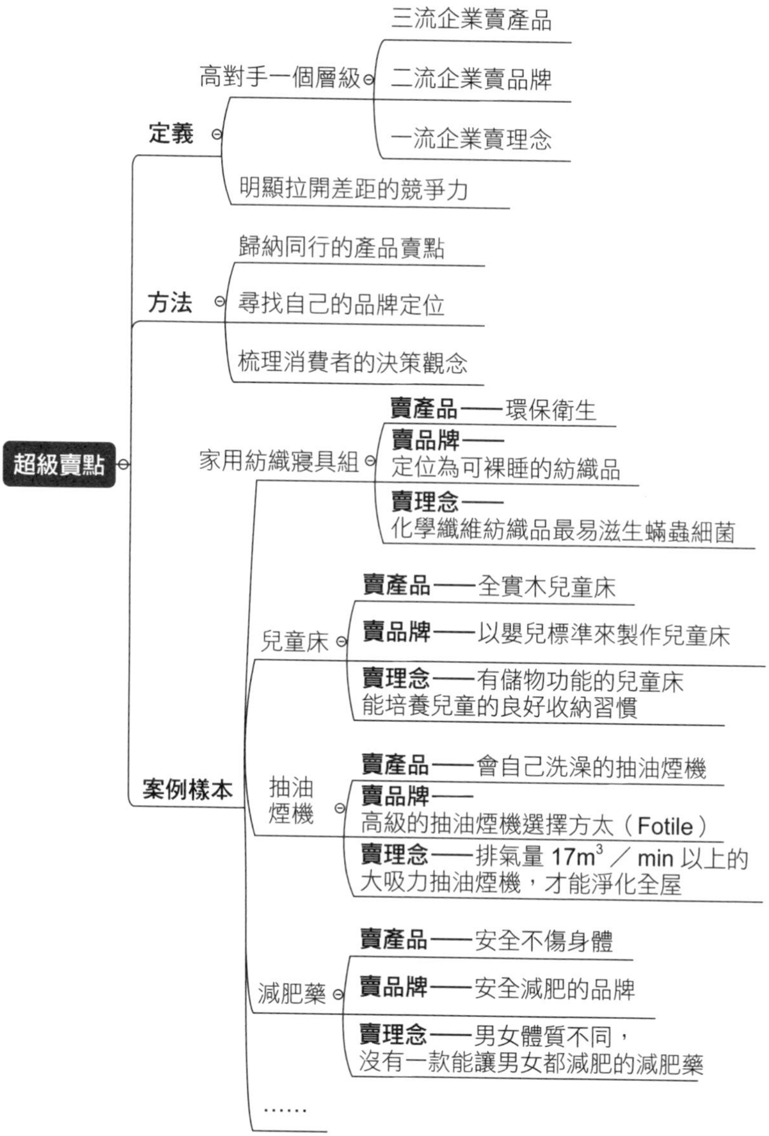
超級賣點
定義
高對手一個層級
三流企業賣產品
二流企業賣品牌
一流企業賣理念
明顯拉開差距的競爭力
方法
歸納同行的產品賣點
尋找自己的品牌定位
梳理消費者的決策觀念
案例樣本
家用紡織寢具組
賣產品——環保衛生
賣品牌——定位為可裸睡的紡織品
賣理念——化學纖維紡織品最易滋生蟎蟲細菌
兒童床
賣產品——全實木兒童床
賣品牌——以嬰兒標準來製作兒童床
賣理念——有儲物功能的兒童床能培養兒童的良好收納習慣
抽油煙機
賣產品——會自己洗澡的抽油煙機
賣品牌——高級的抽油煙機選擇方太（Fotile）
賣理念——排氣量 17m3／min 以上的大吸力抽油煙機，才能淨化全屋
減肥藥
賣產品——安全不傷身體
賣品牌——安全減肥的品牌
賣理念——男女體質不同，沒有一款能讓男女都減肥的減肥藥
……

【哇！太有哏】與同業做不同，擁有「新穎」的話題性

核心賣點的第二個層次是新賣點，就是跟你的同行不同，產品令人耳目一新、沒有見識過、第一次聽說，就是新賣點。很多行銷人認為：品牌行銷不是做競爭力，而是做不同。

故事 7 激發想像力！一雙穿著像沒穿的鞋

消費者買鞋子特別在意舒適度，但如果鞋子只是穿著舒適，這個賣點空泛又沒有具體的標準，因為每個人的感受不一樣。

如果提出「可以裸穿的鞋子」這種新賣點，明明穿著鞋卻像親膚裸穿一樣舒

適，會讓消費者感覺鞋子可以防臭，因為不用穿襪子就能穿，可見鞋子多麼護腳。
消費者不會真的不穿襪子直接穿鞋，但可以讓人認知到鞋子的舒適度，以及生產廠商在做工材料上的挑剔。

同樣強調舒適，換個說法就能有耳目一新的感覺，在認知上感覺是新穎的。這樣的賣點填補人們對產品的認知空白，觸發消費者的想像空間。

重點⑦　有實感的賣點才能一擊必中

產品必須能誘發人們的想像力，擁有可評判比較的準則，才能使人理解廠商的用心。

故事 8｜肌膚每分每秒都在流失水分，你來得及補嗎？

補水面膜種類層出不窮，像是深層補水、修復型補水、微分子補水等各種概念滿天飛。人們被很多品牌策劃的賣點搞得暈頭轉向。到底什麼樣的補水面膜才是好？消費者通常毫無概念。

補水就夠嗎？錯！不鎖水補再多都沒有意義！

消費者對面膜的唯一需求就是補水，但無論快速還是深層補水都只是在消費者原有的思維裡打轉。人們接受補水是水分子透過水通道進入皮膚角質層，並深入基底層持續補水，才能使臉部肌膚水嫩。不過，若各廠商推出的賣點不分軒輕，那麼誰都無法在行業內佔據領先地位。於是，有人提出「補水無用，鎖水才是核心」的新觀點，刷新消費者的思維習慣，形成新的決策觀點（圖 3-1）。

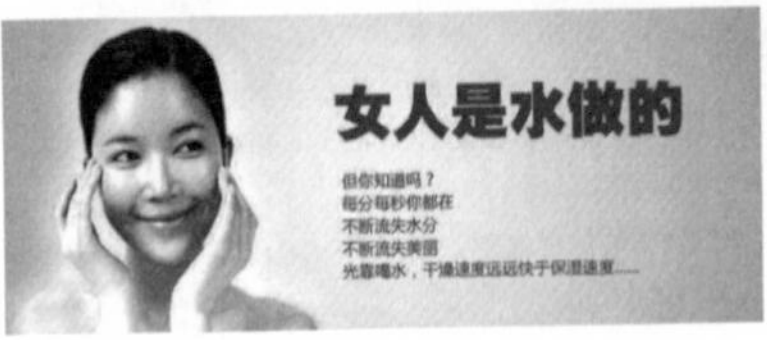

【圖 3-1】傳播鎖水認知

補水後因為不夠鎖水而讓水分流失，效果就會大打折扣，鎖水才能真正補水，這樣的新賣點顛覆原有賣點，所以鎖水成為面膜產品經常提及的功能，消費者開始改買有鎖水功能的補水面膜。如果面膜不鎖水，消費者不會相信這是好的面膜，那麼這便是足以改變行業競爭格局的新賣點。

當鎖水功能被多數人認同以後，就成為面膜的基本賣點，廠商又需要尋找新賣點革新人們的認知。即使是新賣點也會變成老概念，所以得不斷推陳出新。

於是，有廠商提出鎖水因子的新概念，衍生蝸牛酸這個新賣點。什麼是「蝸牛酸」呢？它是源自法國的SPA，讓蝸牛在人的身上爬，過程中會分泌很多黏液，可以持續保溼肌膚，而成為新的鎖水概念（圖3-2）。

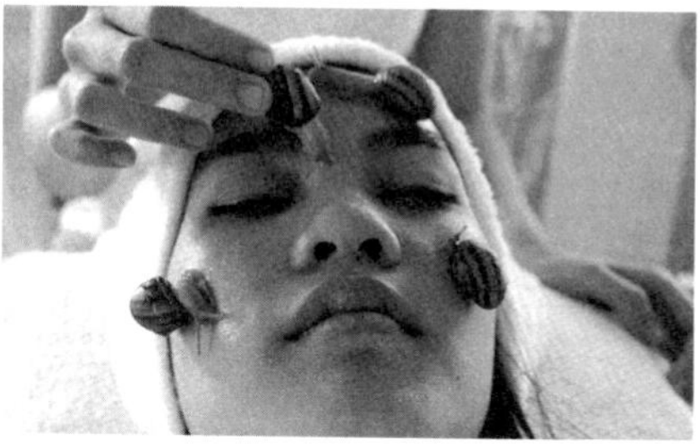

【圖 3-2】鎖水新概念——蝸牛酸

消費者更願意接受新事物、關注新的觀點，一個嶄新的角度通常容易受到關注和認可。人們總是記住新的而忘卻陳舊的，因為他們總感覺這已經過時，新觀點、新概念、新名詞、新的東西才能帶來新的消費衝動。因此，我們尋找核心賣點時，盡可能用新理念、新想法，為消費者帶來新角度的思考。若這個角度在同類產品中是嶄新的賣點，你的產品就會擁有強大的競爭力。

重點⑧　面膜產業的競爭提升至鎖水新概念

產品的標準和功能隨時在變化，即使是新賣點終有一天也會成為老概念，得不斷推陳出新才能保有企業的競爭地位。

故事 9｜涇渭分明的黑與白，解決上班與治病的矛盾

成功創造新賣點的品牌案例非常多，知名如白加黑感冒藥，在感冒藥中它是後起之秀。白加黑之所以能顛覆性崛起，是因為提出新的觀念——感冒藥可以分時段吃。

「白天吃白片不瞌睡，晚上吃黑片睡得香」，黑白分明在感冒藥行業是嶄新的觀念，得以解決上班與治病的矛盾，這個新觀點讓它成為感冒藥中的黑馬（圖 3-3）。

其實白加黑並非多新穎的賣點，在化妝品行業早就有人提出早霜和晚霜的概念，所以只不過是把一個老賣點跨界到感冒藥而已。

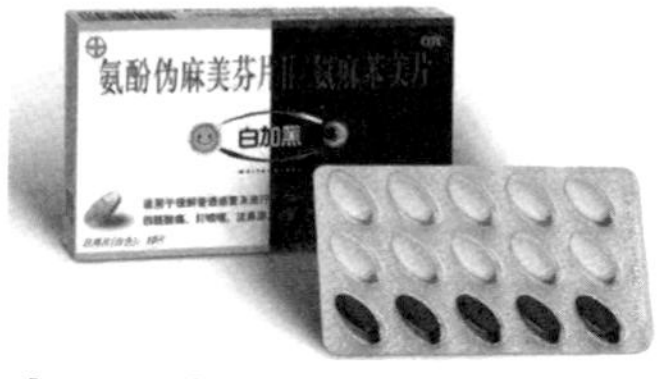

【圖 3-3】白加黑感冒藥

很多新賣點是借鑑其他行業創造出來的。每一個新賣點都可能顛覆一個行業，推動一次行業的產品升級，革新消費者的認知。

即使賣點不夠新穎，無法填補消費者認知上的空白，也要做到表達新穎，即同樣的賣點換個表達形式。新賣點可以顛覆人們的認知、引起注意，只有新賣點能夠刷新行業標準，它讓你與同行不同，迅速獲取心理上的認同感。

想成為消費者心中的第一，就得不斷創新。行銷其實就是做不同，不同才是所有品牌的核心競爭力，因此核心賣點的標準之一是新鮮。

應該好好思考產品的競爭力是否立基於新賣點上，向大眾傳播新思維、新概念、新陳述，從更新的角度去定義產品的使用方法、使用效果、使用理念。如果這個賣點放眼業界還沒有人先一步提出，就是嶄露頭角的絕佳機會。

認知新穎

表達新穎

重點⑨　白加黑感冒藥的跨行賣點

借鑑化妝品的早晚霜概念，為感冒藥區隔出白天與黑夜的服用時段，白天吃不影響工作，晚上吃可以睡得更好，刷新行業內用藥新觀念。

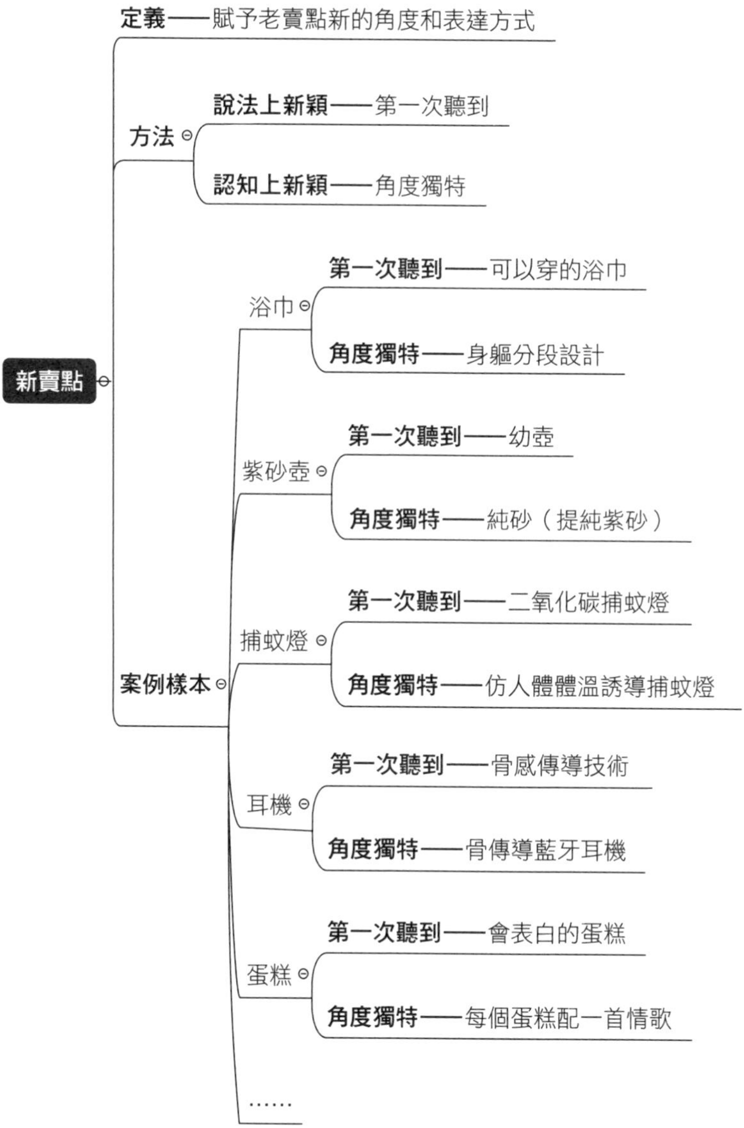
新賣點
定義——賦予老賣點新的角度和表達方式
方法
說法上新穎——第一次聽到
認知上新穎——角度獨特
案例樣本
浴巾
第一次聽到——可以穿的浴巾
角度獨特——身軀分段設計
紫砂壺
第一次聽到——幼壺
角度獨特——純砂（提純紫砂）
捕蚊燈
第一次聽到——二氧化碳捕蚊燈
角度獨特——仿人體體溫誘導捕蚊燈
耳機
第一次聽到——骨感傳導技術
角度獨特——骨傳導藍牙耳機
蛋糕
第一次聽到——會表白的蛋糕
角度獨特——每個蛋糕配一首情歌
……

【咦！沒聽過】佔據行業高牆，擁有心智壟斷的「獨家」記憶

核心賣點中的最高境界是心智壟斷。獨家賣點就是產品在消費者心中的獨家記憶，某個產品所擁有，而其他同類產品沒有的唯一賣點，擁有唯一的識別點，這個獨家賣點本身就代表著品牌。

心智壟斷是無法輕易複製的賣點，有一定的行業門檻和競爭壁壘。天底下最好做的生意就是壟斷，因為獨此一家。核心賣點往往被打造成獨家賣點，這個賣點只有我有，別人不可能有，那麼我們產品的競爭力也會是獨一無二，必將成為超級爆款。

獨家賣點很容易佔領消費者的唯一認知，除

獨家壟斷心智

獨家軟實力

了可以在人們心中建立絕對區隔以外，更重要的是可以築起競爭壁壘，使對手無法抄襲和複製，就像為產品申請專利一樣。賣點本身相當於品牌的智慧財產權，應該申請專利，因為是無數策劃人費盡心思、絞盡腦汁才創造出的知識成果。

什麼是別的企業不可能和我們一樣的呢？就是企業的軟實力，通常是品牌價值，企業的品牌故事、獨家工藝、獨家配方，抑或擁有的專利技術，這些東西無法被同行複製和模仿。從企業的軟實力尋找策劃內容、提煉賣點，往往很容易成為獨家賣點，因為是企業所獨有，那麼就具有唯一性。

故事10 讓人體更易吸收的冬蟲夏草即食新吃法

曾經盛行一時的「極草5X」，就是典型的獨家賣點策劃。「極草5X」是一種純粉片的冬蟲夏草保健品（圖4-1）。

由企業的團隊所研發，它主打的廣告是革新冬蟲夏草的新吃法，提出純粉片的冬蟲夏草才能讓人體充分吸收。這個賣點讓極草5X在整個冬蟲夏草行業瞬間揚名，成為行業裡的高級品牌，賣出天價。

在二〇一六年三月時，極草5X因為概念過於奪目，被競爭對手爆出負面新聞，而一度面臨停產。歷經幾場官司後，證實產品無虛假的問題，最終勝訴。

這個故事充分說明好產品才是品牌的根基，賣點只是在產品鍍上一層金。如果產品不行，再努力策劃都毫無意義。

【圖 4-1】純粉片的冬蟲夏草保健品宣傳廣告

獨家賣點可以快速塑造一個品牌，比如王老吉依靠獨門的中藥配方做成涼茶，只有王老吉才做得出的涼茶就是獨家賣點，不是王老吉的繼承人就無法擁有這個賣點。這個配方僅此一家，有唯一性，在中國它是能與可口可樂相媲美的品牌。

> **重點⑩　揚名業界的極草5X**
> 提出純粉片的冬蟲夏草新吃法，倡導極草5X更易於人體吸收。

故事11｜使每一粒米均衡受熱、釋放甘甜的球形電子鍋

電子鍋市場競爭非常激烈，例如：九陽、奧克斯、松下、飛利浦、索愛、東芝、小米、志高、小熊等。

> 蘇泊爾在巨頭林立的市場如何異軍突起？靠獨家賣點，並且註冊成商標。蘇泊爾設計出一款電子鍋，為它取了新穎的名字——球釜（圖4-2）。
>
> 首先這是新賣點，很多人不知道什麼是球釜。其次，這個賣點是獨家賣點，因

為只有蘇泊爾能解釋它的核心技術。

球釜的策劃點源於小時候吃的飯菜有柴火燒出來的獨特味道，這種味道留存在很多人的記憶裡。球釜就是能做出柴火飯的電子鍋。

蘇泊爾為了讓球釜成為柴火飯的代名詞，做如下解讀：球釜電子鍋打破傳統直壁內鍋外型，採用球形設計。球形內鍋獨有的六十二度黃金雙對流角，能形成超強熱對流，讓每一顆米粒都吸飽水，達到一・六二倍的膨脹率，使米粒的體積更飽滿。

球釜內鍋採用厚鍋設計，將構造分為

【圖 4-2】蘇泊爾球釜的宣傳廣告

長效不黏層、耐磨加熱層、合金導熱層、聚能精鐵層、矽晶耐磨層、電磁聚能環等六層，高效吸收內部的大火力，猶如柴灶的大火包覆鐵鍋底部，熱量瞬間穿透米芯，引出稻米的原有香氣，盡情釋放米飯甘甜。同時，精鐵良好的導熱性能，讓球釜更加省電。

與普通的不鏽鋼內鍋相比，同樣厚度的球釜重量增重二八％，意味球釜得以實現材質、厚度、重量與均勻熱傳導各方面的平衡，讓每一粒米均勻受熱，充分糊化，使得整鍋米飯無論上中下層都一樣好吃。

球釜的設計在當時成為電子鍋中極具吸引力的賣點，唯獨球釜能做出柴火飯的賣點一出現，蘇泊爾這款電子鍋直接躍升為網路銷售第一。

獨家賣點能為一個產品帶來翻天覆地的變化，甚至成就品牌，對同行造成致命打擊，這就是殺手級賣點。

重點⑪ 網路銷售第一的電子鍋——球釜

因為特殊的產品名稱、球型設計，只有蘇泊爾才能自我定義，還是充滿情懷記憶點的柴火飯電子鍋。

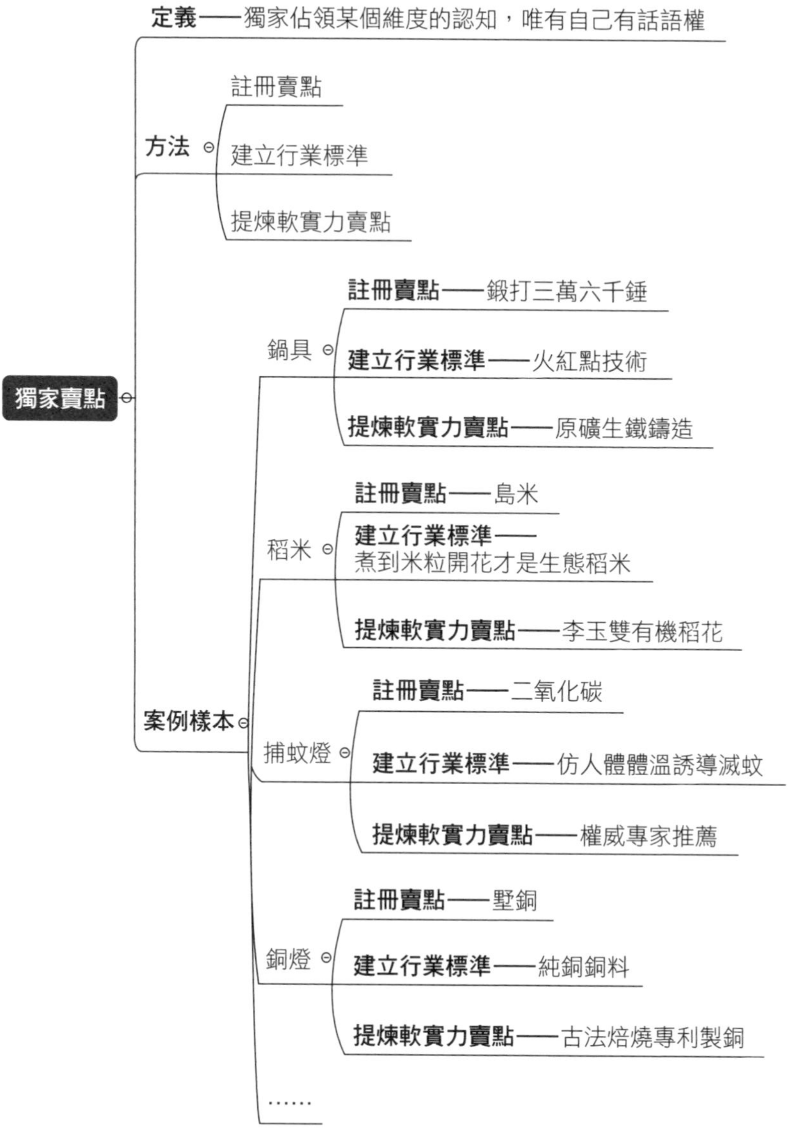

獨家賣點
定義——獨家佔領某個維度的認知，唯有自己有話語權
方法
註冊賣點
建立行業標準
提煉軟實力賣點
案例樣本
鍋具
註冊賣點——鍛打三萬六千錘
建立行業標準——火紅點技術
提煉軟實力賣點——原礦生鐵鑄造
稻米
註冊賣點——島米
建立行業標準——煮到米粒開花才是生態稻米
提煉軟實力賣點——李玉雙有機稻花
捕蚊燈
註冊賣點——二氧化碳
建立行業標準——仿人體體溫誘導滅蚊
提煉軟實力賣點——權威專家推薦
銅燈
註冊賣點——墅銅
建立行業標準——純銅銅料
提煉軟實力賣點——古法焙燒專利製銅
……

【哇！規格升級】當產品的行業標準改變，再不升級賣點就等著下架

當某個產品擁有新賣點，接著很多同類的產品也會擁有這個賣點，這就是常見的「同質化」。同質化無法避免，任何一個產品終將從差異化走向同質化，然後再經歷同質化到差異化的過程，所以必須讓賣點進化。

借鑑是文案寫手的基本技術。優秀的文案大多源自借鑑，很少完全原創。好的文案和賣點常常在借鑑中實現超越。多數品牌的崛起，是從另外一個品類或是競爭對手那裡得到靈感，藉由不斷借鑑進而實現超越，例如：前文提到的白加黑，白天吃白片，晚上吃黑片，令人耳目一新，它是核心賣點，也是新賣點。這個賣點表面上很新，是出人意料的新策劃，但其實是借鑑化妝品的日霜和晚霜。一個賣點在某個行業裡已經了無新意，但放到另一個行業還是嶄新的，這就是跨行業的賣點思考。

所以，業界有句行話：三流的文案自己寫，二流的文案借鑑同行，一流的文案借鏡

跨行。一流的創造，不是自己去寫、去原創，而是先借鑑，再微創新。

很多賣點是相似的，別的行業曾有過類似的策劃思考。有些策劃人從同行或跨行中得到一些啟示，然後應用到另外一個行業，所以這些賣點才會有似曾相識的感覺。

我們不需要懼怕同質化，因為同質化是商業的必然規律，任何人都無法逃離和擺脫同質化的命運，所以只要不斷優化，讓賣點推陳出新，就能保有核心競爭力。

每家企業終將走向同質化，這無可避免。那麼企業該如何應對同質化呢？答案是不斷進化賣點，直到把它進化為核心賣點、超級賣點、新賣點、獨家賣點。只有到這個地步，你的賣點才真正具備行業內無法複製的突圍力。

賣點進化就是升級賣點，比同行的核心賣點多領先一步，讓賣點不再同質化。那麼進化的賣點有什麼標準？文案好壞，是否也有具體標準？答案是肯定的。

接下來，用護眼燈產品來說明文案的四種等級。

故事 12 護眼燈的賣點演進——從初級文案到殺手級文案

（1）初級文案——描述型文案

例如：這是一款好用的護眼燈，為觸控開關，可循環充電，LED光源。

點評：僅描述產品的基礎功能。

（2）中級文案——有賣點的文案

例如：專門為高頻率用眼的學生客群研發的護眼燈，不閃爍、不刺眼、抗藍光，使用效果好。

點評：文案著重「護眼」這個賣點，針對高頻率用眼的學生客群，還是擁有「不閃爍、不刺眼，抗藍光」三個賣點的護眼燈，這就是有賣點的文案。

（3）高級文案——有核心賣點的文案

例如：每隔三十七分鐘就會自動熄滅的護眼燈。人體用眼疲勞期的研究顯示：眼睛每隔三十七分鐘就會感到疲勞。因此，每隔三十七分鐘讓眼睛休息的護眼燈才護眼。

點評：這個產品只有一個核心賣點，就是三十七分鐘的護眼標準。賣點雖然不多，但很聚焦，消費者的印象會更深刻。

（4）「殺手級」文案——有獨特核心賣點的文案

例如：一款由醫學和光學專家聯合研發的護眼燈。由愛德華・哈格特（Edward Huggett）醫師和其他光學專家，根據眼球對光線的敏感度發明出潤光板，告別因錯誤使用燈光而造成的弱視、近視等問題，並且獨家命名為「潤眼燈」。

點評：醫師研發的護眼燈是獨特的核心賣點。

愛德華醫生（Dr.Lite）旗艦店就是靠這個殺手級賣點，在護眼燈產品普遍售價一百元人民幣的時候，將自家的產品賣到一千四百九十九元。

賣點的進化分為兩種：一種是層級的進化，跳出原來的思考進入新的層次，即是從初級文案到殺手級文案；另一種是在原有賣點的基

描述修飾進化

跳脫原層級進化

礎上增添描述或修飾來升級賣點。

重點⑫　初級到殺手級文案
描述產品的基礎功能↓說明產品的關鍵功用↓鎖定特定客群的需求↓提出消費者為何需要它的論點↓替產品找到強而有力的背書。

故事13　手機的賣點升級——加入新屬性、提升原有賣點

手機的賣點進化有以下兩種形式：

（1）跳脫原賣點進化

從手機的基本功能延伸，像是音樂手機、拍照手機、美顏手機、安全加密手機、學習手機、全螢幕概念手機。

（2）針對原有賣點深度進化

以手機的拍照功能為例：雙畫素黑科技、能拍星星的手機、前置二千萬像素柔光雙鏡頭、旋轉鏡頭拍照手機、錄影水準手機。

賣點進化有固定的公式：一種是按照超級賣點的層級來進化，另一種是在原有賣點的基礎上加入新性質。

如果你是做品牌策劃或者想找到突顯產品的賣點，必須具備進化賣點的思維才能做出差異化，並實現品牌突圍。**沒有同質化的賣點，只有同質化的思維、表達和層次。**

重點⑬　產品賣點的升級方向

一種是發想出產品的新功能、新領域、新概念、新的應用方式，一種是把大家都有的基礎功能做得比別人更優秀。

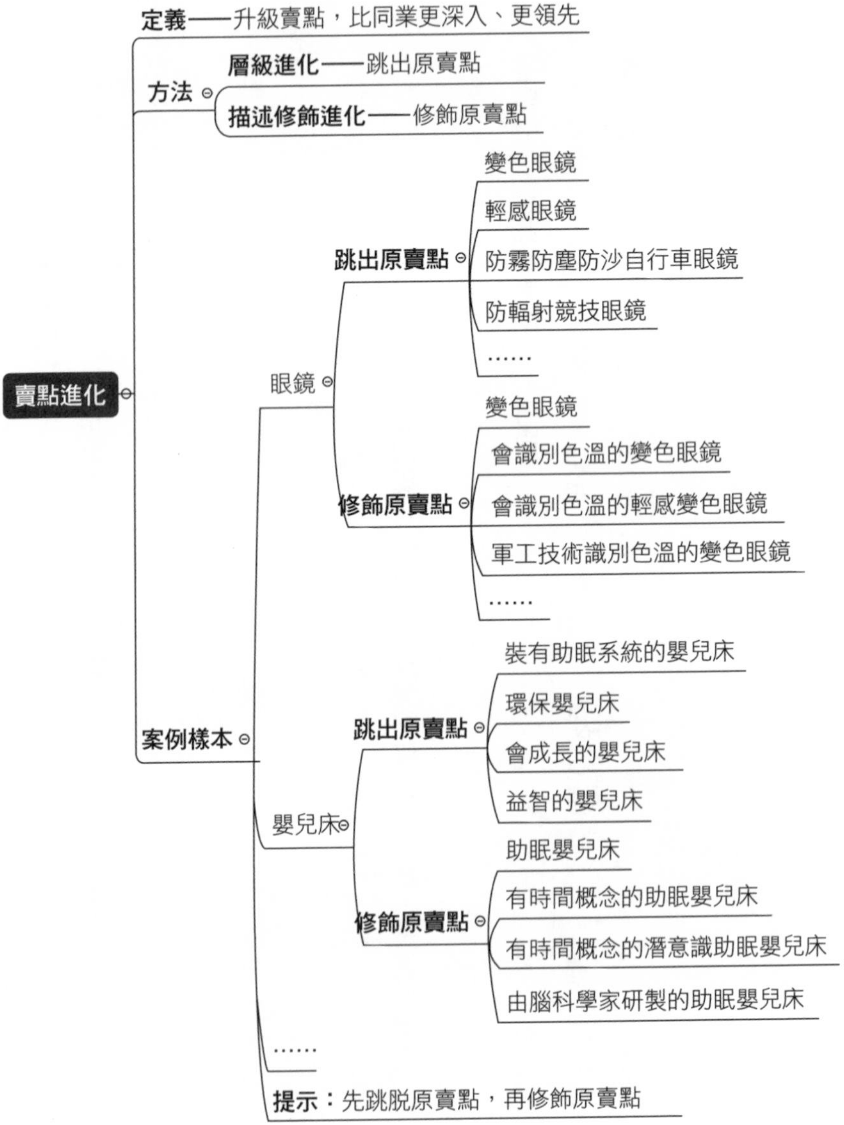
賣點進化
定義——升級賣點，比同業更深入、更領先
方法
層級進化——跳出原賣點
描述修飾進化——修飾原賣點
案例樣本
眼鏡
跳出原賣點
變色眼鏡
輕感眼鏡
防霧防塵防沙自行車眼鏡
防輻射競技眼鏡
……
修飾原賣點
變色眼鏡
會識別色溫的變色眼鏡
會識別色溫的輕感變色眼鏡
軍工技術識別色溫的變色眼鏡
……
嬰兒床
跳出原賣點
裝有助眠系統的嬰兒床
環保嬰兒床
會成長的嬰兒床
益智的嬰兒床
修飾原賣點
助眠嬰兒床
有時間概念的助眠嬰兒床
有時間概念的潛意識助眠嬰兒床
由腦科學家研製的助眠嬰兒床
……
提示：先跳脫原賣點，再修飾原賣點

【厲害！跟真的一樣】可驗證 vs. 感受性，將賣點虛實轉換才能避免同質化

太極生兩儀，賣點的兩儀就是虛與實，每個產品都有虛賣點和實賣點。實賣點是接觸產品後可直接感知和驗證。虛賣點無法感知驗證，需要靠思想和意念領悟。

例如一件衣服的賣點是抗皺免燙，實際能感受到的就是實賣點。如果你向別人介紹：「這件衣服非常典雅。」典雅是虛概念，不具體而且沒有唯一標準，無法直接感受。什麼是典雅？跟誰比？每個人的感受都不一樣。

了解虛賣點和實賣點有什麼意義呢？會單獨講解是因為實賣點會同質化，而虛賣點不會。分清虛實是為了解決同質化競爭的問題。

實賣點有具體的衡量標準，所以同行很快便能複製，因此不可能成為核心賣點，也無法為企業帶來持久、差異化的競爭力，必須將賣點做虛實轉換。把實際的賣點轉化為虛擬的賣點，把虛擬的賣點表達成實際的賣點，這是逃離賣點同質化的重要思維方法。

我們以西湖龍井茶來講解賣點的虛實之變。

故事 14 將龍井茶的採摘過程、炒茶技術描述得如同親眼所見

西湖龍井顧名思義就是西湖地區種出來的龍井茶。西湖龍井的核心產區有五處，最負盛名的產地是獅峰。如果獨賣獅峰產的龍井茶，這是一個實際的賣點，因為可以被驗證，但同行很輕易就能複製，只要他們也強調龍井茶是獅峰出產，便立即失去差異化的競爭力。

如果把實際的賣點虛擬化，變成虛賣點，也許競爭力就會突顯出來。例如，不是所有的西湖龍井都採自老茶樹，我們只賣獅峰茶區老茶樹的龍井。

獅峰茶區的老茶樹受南部錢塘江溼暖氣流影響，上空常年凝聚一片雲霧，茶區內氣候溫和、雨量充沛（年平均溫度十六度，年降雨量一千五百公釐左右）。因此，茶樹經常受漫射光、紫外線照射，有助於茶葉中的芳香物質、胺基酸等成分的合成及累積。

百度上對於獅峰茶的土壤環境有如下描述：「獅峰龍井茶區內林木參天，翠竹

婆娑，泉源茂盛，溪澗徑流遍布，由山泉水養成的老茶樹。石英岩、粉砂岩和粉砂質泥岩風化而成的白砂土，既有利於排水，又富含矽、鉀、磷等礦物質元素，而鈣、鎳、錳等重金屬元素含量較低。生長在這種良好土壤與氣候條件下的茶樹，發芽早，芽葉多，芽葉柔嫩而細小，富含胺基酸、微量元素和多種維生素。」茶樹越老營養越甚，所以老茶樹所產的龍井可養生。

為確保龍井的風味，只在早晨九點前採摘茶葉，九點後經太陽曝晒的茶葉則不採用。在行業內開拓出「一人一步」的手工炒茶工藝，只聘請有四十年以上豐富炒茶經驗的師傅，每道程序皆有一名師傅，青鍋一名師傅，回潮一名師傅，輝鍋一名師傅，以確保炒茶時間和工藝不會破壞茶品。

虛賣點變實　**實賣點變虛**

聽聞上述內容，你會感覺這種西湖龍井和普通的西湖龍井完全不同，但其實只是做一次賣點的虛實轉換，使描述更加貼近一般人能夠感受的情境。

為什麼賣茶葉要講究地理位置、降雨量和日照量，還要談炒茶的區別呢？因為這些就是虛賣點。這些消費者平時根本不關心，但寫實的虛賣點會增進人們對產品的感情，這就是為什麼要把實賣點變虛賣點的原因，只有虛賣點不會被同行複製，還能加深與消費者的感情，進一步變成核心賣點。即使是虛賣點都要描述得極其清楚，如同親身經歷、親眼所見，這就是由虛轉實的方法。

重點⑭　西湖龍井茶

得天獨厚的地理位置、講究茶葉的採摘時間、聘請炒茶專家、嚴謹的炒茶步驟，種種因素堆疊讓西湖龍井茶比別的產區更特別。

故事15 研製一把吉他背後的心意比規格更重要

一把吉他音質清純，擁有「PCT（校準精度）1:18的捲弦器」，是很實在的賣點，所以可驗證、可感知、可體驗，但也意謂可複製，這樣產品便失去核心競爭力，該怎麼辦？

首先，購買吉他的消費者基本上分為兩種類型，一類是專業的吉他愛好者，一類是吉他初學者。吉他愛好者的需求就是音質、音色、做工，用得順手的吉他。吉他初學者對音質沒有很強的判斷力，他們的需求是快速上手。這二者購買的吉他價位也不同。產品賣給什麼人就圍繞這些人來塑造賣點。初學者也許看到「PCT 1:18的捲弦器」，就認定這是好音質的吉他。然而，對於專業級的發燒友來說，這個實賣點還不夠，因此需要把實賣點轉變為虛賣點才能征服這一類人。

文案可以如下敘述：「歷經一百二十八道工序，耗時九十天，由大師純手工製作的表演級吉他，之所以這樣稱呼，是因為該吉他由音樂人和琴師根據聲學分析技術得出更佳的音梁結構，加強中低音頻，使吉他的聲音、音質能取悅演奏者和聆聽者，這款吉他深受多名音樂人愛好。」

光說音質好，消費者無法體會，但是透過前文的描述，你可以立即明白虛賣點的意義所在。雖然這些賣點肉眼看不到，但卻能改變人們的認知。虛賣點一定要足夠寫實，足以將畫面清晰投射在大腦中，確切感受到每個情境和場景，如同自己也參與吉他的研製一樣。寫實的虛賣點可以強化人們對產品的情感認同。

實賣點解決接觸體驗的問題，虛賣點則解決情感體驗的問題。一個好的產品一定既有實賣點又有虛賣點，只有虛實結合才能成就出好產品。

初期因為產品沒有明顯的同行競爭，所以可以著重實賣點。到產品的中後期，當大多數同行都能仿製出相似的產品時，賣點已經高度同質化，這時候就該想辦法提煉出虛賣點。

實賣點是虛賣點的基礎，沒有實賣點支撐，一味提虛賣點就是吹牛。虛賣點是實賣點的升級，它能把實賣點變得更具差異化，成為產品的軟實力。優秀的企業一定有一套完整的賣點，既有實賣點支撐，又有虛賣點襯托。一個賣點成就一個單品，而整套的賣點成就一個品牌。

三流的企業靠實賣點，二流的企業靠虛賣點，一流的企業靠虛實交融的賣點實現品牌突破。

重點⑮ 虛實賣點轉換讓產品更有競爭力

實賣點是可以體驗、比較的賣點，虛賣點為人們認知外的事物或情感，所以虛賣點也必須具備能讓人理解及想像的寫實。

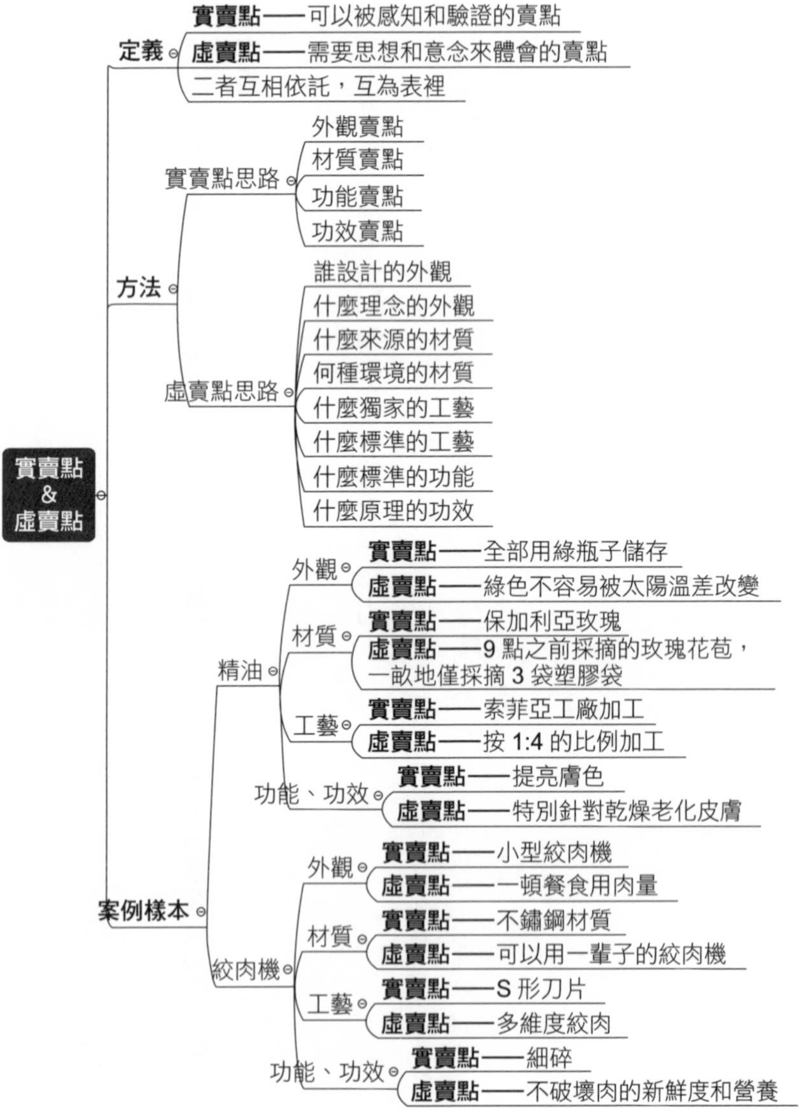
實賣點
&
虛賣點
定義
實賣點——可以被感知和驗證的賣點
虛賣點——需要思想和意念來體會的賣點
二者互相依託，互為表裡
方法
實賣點思路
外觀賣點
材質賣點
功能賣點
功效賣點
虛賣點思路
誰設計的外觀
什麼理念的外觀
什麼來源的材質
何種環境的材質
什麼獨家的工藝
什麼標準的工藝
什麼標準的功能
什麼原理的功效
案例樣本
精油
外觀
實賣點——全部用綠瓶子儲存
虛賣點——綠色不容易被太陽溫差改變
材質
實賣點——保加利亞玫瑰
虛賣點——9 點之前採摘的玫瑰花苞，一畝地僅採摘 3 袋塑膠袋
工藝
實賣點——索菲亞工廠加工
虛賣點——按 1:4 的比例加工
功能、功效
實賣點——提亮膚色
虛賣點——特別針對乾燥老化皮膚
絞肉機
外觀
實賣點——小型絞肉機
虛賣點——一頓餐食用肉量
材質
實賣點——不鏽鋼材質
虛賣點——可以用一輩子的絞肉機
工藝
實賣點——S 形刀片
虛賣點——多維度絞肉
功能、功效
實賣點——細碎
虛賣點——不破壞肉的新鮮度和營養

【哇！好酷】成功的「爆點」，關鍵在表達到位、記憶深刻、簡短易傳播

好產品需要好賣點，好賣點應該是會爆炸的賣點。優秀的賣點一出現，就能夠震撼消費者，讓人瞬間產生驚喜感，這是所謂的「爆點」。

好賣點本身已經非常難遇，一定要讓好賣點產生爆炸效應。不具備爆發力的賣點，無法精準快速傳播。如何讓賣點爆炸？第一，要易懂、一針見血、表達到位。第二，要出奇、一見鍾情、記憶深刻。第三，簡短易傳播，如此才能快速引爆。

每個爆款產品都有核心賣點，而每個成功的賣點必然有爆點，這樣的案例數不勝數，接下來用幾個代表性的成功案例來解釋爆點。

故事｜16｜甜？不甜？憑感覺的有點甜礦泉水

一般的礦泉水沒什麼味道，農夫山泉也不例外，因為這是礦泉水的普遍口感，但如何突顯山泉水與礦泉水的差異呢？農夫山泉好喝在哪誰也説不上來，因為跟普通的礦泉水沒有不同。好喝是一個賣點，但毫無爆發力。農夫山泉如何贏過同質的對手形塑出爆炸的記憶點呢？

回歸產品源頭，人們對於山泉水的印象是甘甜，那麼如何表達甘甜呢？農夫山泉的策劃人相當厲害，他避重就輕提出的口號叫「農夫山泉有點甜」，就是沒有很甜，也沒有不甜，只可意會不可言傳。如果你感受到甘甜就是真的甜，感受不到可能是個人體驗的問題，因為只是有點甜（圖 7-1）。

賣點——好喝。

爆點——農夫山泉有點甜。

易懂——與其他礦泉水的區別是有點甜。

出奇——「甜」聯想到農夫的「田」。

引爆——簡短上口易傳播。

強調「農夫山泉好喝」無法引起消費者的認知爆炸，因為幾乎所有的品牌都宣稱自己的水好喝，而農夫山泉將山泉水與礦泉水做出區隔——有點甜。這個賣點有傳播力且表達鮮活，甜不具備什麼吸引力，而有點甜需要去意會、體驗、感受。用簡短的一句話讓人理解農夫山泉和其他礦泉水的差異，因此「農夫山泉有點甜」是典型的爆點。爆點便是鮮活、與眾不同的賣點，而且能夠快速傳播。

【圖 7-1】農夫山泉的爆點

賣點必須經歷過一次徹底改造，使改造後的新賣點能夠快速傳播，讓消費者看見這個賣點的與眾不同。

爆點是根基於美化原有賣點，就像穿上一層漂亮的外衣，使其更加有趣、獨特、鮮活。接著，看其他品牌如何把賣點變爆點。

重點⑯　不一樣的農夫山泉

用簡短的一句「農夫山泉有點甜」形塑山泉水的記憶點，與其他礦泉水做出區隔。

質變傳播

易懂出奇

故事 17 不怕寶寶咬衣服，材質天然安全的兒童連身衣

麥拉貝拉是專門做兒童連身衣的品牌。很多媽媽對兒童服的要求是乾淨衛生，但是這個賣點很空泛，因為似乎每個同行都強調衣物材質是很好的彩棉。儘管如此，麥拉貝拉仍然提出令人驚豔的有趣賣點——可以吃的連身衣。麥拉貝拉儼然成為兒童衛生衣物理念的引導者，在行業內迅速崛起成為頂尖的品牌。因為寶寶時常會碰觸、啃咬衣物，「可以吃的連身衣」將安全衛生的概念傳達得活靈活現，是相當棒的爆點（圖 7-2）。

賣點——乾淨衛生。

【圖 7-2】麥拉貝拉產品的宣傳廣告

爆點——可以吃的連身衣。
易懂——可以吃。
出奇——穿衣變吃衣。
引爆——極致的動作表述。

這個世界從來不缺發現賣點的眼睛，但少有人能把賣點變爆點。賣點一旦變爆點，產品與品牌便能迅速傳播開來，在行業內異軍突起。

化腐朽為神奇正是爆點的最好註解，炫邁口香糖就是典型的案例，創造出「根本停不下來」的廣告詞，不僅極易傳播，而且人們樂於調侃、模仿：好吃到根本停不下來、爽到根本停不下來、好玩到根本停不下來、逗趣到根本停不下來。

賣點升級爆點

賣點
爆點
易懂
出奇
引爆

這個賣點非常普通，沒有任何出奇之處，但傳播力卻很強，很多人爭相仿效「根本停不下來」這樣的廣告詞。儘管沒有表達出炫邁口香糖跟別人有什麼不同，但是充分表達出不能言傳只能意會的感覺。

產品沒有賣點，就不能稱為優秀的產品。即使產品有賣點，但不夠有爆點，也無法成為足以做大的爆品，所以找出產品的爆點相當重要。例如：可以裸睡的涼蓆、可以養魚的油漆、可以奔跑的高跟鞋、懂瑜伽的內衣、會生長的花茶。

重點⑰ 兒童連身衣品牌——麥拉貝拉

寶寶穿的衣物材質必須更安全，所以麥拉貝拉用「可以吃的連身衣」打中媽媽們最在意的點，成為提倡兒童衛生衣物理念的先行者。

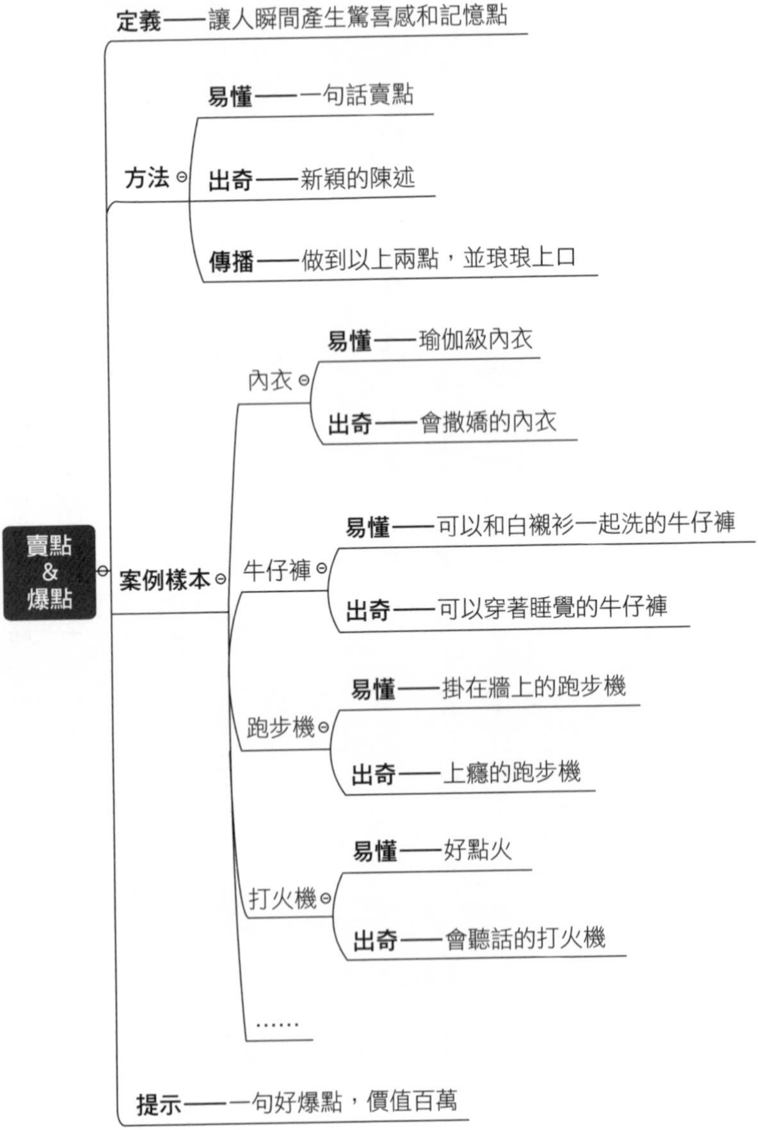
賣點
&
爆點
定義——讓人瞬間產生驚喜感和記憶點
方法
易懂——一句話賣點
出奇——新穎的陳述
傳播——做到以上兩點，並琅琅上口
案例樣本
內衣
易懂——瑜伽級內衣
出奇——會撒嬌的內衣
牛仔褲
易懂——可以和白襯衫一起洗的牛仔褲
出奇——可以穿著睡覺的牛仔褲
跑步機
易懂——掛在牆上的跑步機
出奇——上癮的跑步機
打火機
易懂——好點火
出奇——會聽話的打火機
……
提示——一句好爆點，價值百萬

重點整理

☑ 核心賣點就是企業的某項產品與其他同業相比後最有明顯競爭力的那一個賣點。「競爭力」與「區隔度」是核心賣點的兩個主要要素。

☑ 核心賣點的三個層次：

超級賣點——在同類產品中，擁有超越同行的競爭力。

新賣點——與同行有明顯差異，給人耳目一新的感受。

獨家賣點——有不可複製的行業壁壘。

☑ 產品本身的賣點是最低層次的競爭，因為容易被同行複製和借鑑。

☑ 品牌本身的企業精神更具傳播價值，能把賣點提升到新的層次。

☑ 販賣理念可以改變人們的決策觀念和習慣，重新洗牌對品牌的認知，而你創造的賣點甚至能夠奠定新的行業標準。

☑ 企業的軟實力通常是品牌價值，包括：品牌故事、工藝技術、配方及專利。從企業的軟實力尋找內容、策劃賣點，往往很容易變成獨家賣點。

☑ 如何讓賣點爆炸？第一，賣點要易懂、一針見血、表達到位。第二，賣點要出奇、一見鍾情、記憶深刻。第三，必須簡短、易傳播。

NOTE

賣點多數並非與生俱來，而是刻意營造，藉由策劃人的想像力和創造力，落實於行銷戰略中。

第 2 篇

把需求放大10倍，如何？

拆解產品「與眾不同」的密碼，找出消費者在意的關鍵

前文用很多篇幅講述賣點的重要性及類型，但最令人苦惱的不是這些，而是如何創造賣點。連賣點都找不到，還談什麼包裝、獨家記憶。

賣點並非玩弄文字的遊戲，而是放大某種產品的性質。每個賣點都有一種性質，賣點的數量源自於人們對產品有多少需求。越熟悉產品性質，分析就能越透徹。

沒有同質化的產品，只有同質化的思維。賣點不可能完全同質化，因為一個產品擁有許多種性質，而每種性質的賣點可以不斷進化，賣點在同質化的過程中，也不斷經歷差異化。簡單來講，產品的性質有以下幾種分類，如同表2-1所示。

為什麼賣點的密碼是性質？拆解和升級性質又為何是密碼的真相？接下來以家具的案例分析。

表 2-1　產品性質分析表

外觀（包裝、形狀、顏色）
材質（原材料、材質結構、材質來源）
工藝（工藝原理、工藝專利、工藝技術）
功能（功能性質、功效性質）
客群（客群年齡、特殊時期、特殊年齡、特殊習慣、特殊體質）
地域（特定地形、特定氣候、特定地區）
時間（特定時刻、特定時間、特定季節）
新概念（新的理解）

賣點的本質
有競爭力的產品性質

賣點的來源
被需求的產品性質

故事 18 從家具的性質看透產品的密碼與質變

一件家具可以有多種性質，每種性質又可質變為多種類型。

家具的外觀性質可質變為以下類型：

泛質變——無漆家具、有漆家具、黑白色調家具。

深度質變——歐式家具、美式家具、義大利風格家具、現代風格家具……。

家具的材質性質可質變為以下類型：

泛質變——板式家具、實木家具、合成木家具。

深度質變——紅木家具、橡木家具、香樟木家具、榆木家具、櫻桃木家具……。

家具的工藝性質可質變為以下類型：

泛質變——純手工雕刻、半手工製作、名師工藝。

深度質變——金箔工藝家具、拼花工藝家具、古典漆家具……。

家具的功能性質可質變為以下類型：

泛質變——耐用、多功能。

深度質變——有收納功能的家具、隱藏式家具……。

家具的客群性質可質變為以下類型：

泛質變——成人家具、兒童家具。

深度質變——別墅家具、小戶型家具、辦公家具……。

家具的地域性質可質變為以下類型：

泛質變——進口家具、國產家具。

深度質變——熱帶林木家具、英國松木家具、西伯利亞林木家具……。

家具的時間性質可質變為以下類型：

泛質變——收藏傳世、慢工家具。

深度質變——百年樹齡家具、80年家具品牌、中古家具、祖傳工藝家具……。

家具的概念性質可質變為以下類型：

泛質變——智能家具。

深度質變——生態家具、藝術家具、物聯網家具、磁療家具、益智家具……。

> **重點⑱　從家具產品質變賣點**
>
> 一件家具可以從外觀、材質、工藝、功能、功效、客群、地域、時間、概念等質變出各式各樣的賣點。

每種細分性質都能在市場上找到相對應的賣點。賣點源自性質分析，越受人們關注、需求的性質，越是有競爭力的賣點。性質拆解越細緻賣點就越多。

故事 19　從家用紡織品的性質看透產品的密碼與質變

以家用紡織產品與消費者的多種關聯，來闡述賣點的密碼。

家紡產品的外觀性質如下：

卡通家紡、立體家紡、藝術家紡。

家紡產品的材質性質如下：

真絲家紡、純棉家紡、針織家紡、羽絨家紡、駝絨家紡。

家紡產品的工藝性質如下：

拼接工藝、純手工、輕印染工藝。

家紡產品的功能性質如下：

恆溫家紡、抗菌除蟎家紡、雙面家紡、免洗家紡。

家紡產品的客群性質如下：

婚慶家紡、情侶家紡、兒童家紡。

家紡產品的地域性質如下：

進口家紡、酒店家紡、戶外家紡。

家紡產品的概念性質如下：

生態家紡、感溫家紡、智能家紡、無甲醛家紡。

根據性質設計賣點的案例很多，在行動電源方面，外觀好看就叫美學行動電源；外形超薄就叫便攜行動電源；手機殼型態就叫會充電的手機殼。產品有多少種性質，就有多少種賣點，而且每種賣點都有特點，所以我們要嘗試拆解產品的性質。

重點⑲　從家用紡織產品質變賣點

一件家用紡織品可以從外觀、材質、工藝、功能、功效、客群、地域、概念等，質變出各式各樣的賣點。

故事 20　從淨水機的性質看透產品的密碼與質變

淨水機的基礎功能是淨化水，所有廠商都必須強化這個賣點，而消費者也最關注淨水效果，這個性質需求非常唯一。那麼要淨化到多乾淨呢？行業內並沒有公訂的標準，因此針對淨化這個性質可以再做細部拆解。

賣點①——六層淨化

顯然是說淨水程度比他牌優異。消費者一般認為多一層總比少一層好。

賣點②——分離式淨化

將雜質和水分離，避免二次汙染水，這種分離式淨化的效果更佳。

賣點③——礦物質淨化

代表淨水機淨化後的水含有礦物質。他牌的淨化是過度淨化，當水變為純淨的水，就不夠健康，而我們的淨水機能保留水中的礦物質，滿足人們健康飲水的需求。

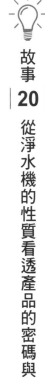

賣點④——母嬰級淨化水

說明淨化標準非常嚴格，懷孕母體、嬰兒可飲用的淨化水。

賣點⑤——弱鹼性淨化

將水淨化成弱鹼性，淨化後的鹼性水有平衡人體的作用。

透過這個案例，我們發現淨水機的功能性質可以拆解成不同的賣點。將每一個性質再拆解，拆到不能再拆解時，就換另一個性質拆解。若實在無法再拆解，就為產品創造新的性質。總之，沒有同質化的賣點，只有同質化的思維。

重點⑳　淨水機的唯一需求

淨水機的唯一需求是淨化水，從淨水程度繼續細分與拆解更深度的賣點。

【外觀】能讓人留下強烈的第一印象，很重要！

產品最顯性的表達就是外觀，是消費者第一印象的來源，因為一眼就能看出產品與眾不同，所以外觀最容易創造差異化。

優秀的產品在上市前就已經贏在設計，如果從誕生之初就擁有與眾不同的設計外觀，那麼差異化便顯而易見。很多品牌就是利用外觀使產品崛起。

故事 21 好喝的鈣，受專利保護的藍色瓶身

三精製藥「藍瓶鈣」的廣告早就家喻戶曉，藍瓶鈣是早期靠外觀差異崛起的經典品牌。三精製藥為了在口服液補鈣市場做到絕對差異化，而申請外觀專利，確保

對手不能複製自家產品的外觀。

市場上的補鈣產品競爭很激烈，有的說補鈣足，有的說品質好，面對層出不窮的廣告宣傳，消費者不知道如何選擇，商家也苦惱於如何與競爭對手產生差異。

外觀是最快速區別產品的方式，所以三精製藥推出「藍瓶」概念，宣布補鈣進入藍瓶時代，廣告詞應運而生，鋪天蓋地宣傳：「好喝的鈣，藍瓶的鈣，三精製藥出品。」（圖 9-1）

三精製藥提出「『藍瓶鈣』更純，關鍵是好喝」，因為會補鈣的多是兒童，很多媽媽擔心孩子不願意喝買來的鈣，如果得追著孩子喝，會很苦惱。正當媽媽們不知道該給孩子選擇什麼樣的鈣時，「藍瓶的鈣，好喝的鈣」就成為記憶點。

【圖 9-1】藍瓶鈣宣傳廣告

產品外觀差異化是為了讓消費者可以快速區別。每個人認知一款產品都從外觀開始。很多企業升級品牌時會優先更新產品包裝。例如：農夫山泉在產品的包裝上下足工夫（圖 9-2）。

改變產品外觀能使人產生新鮮感，認為這是新一代的產品，而產生好奇心，願意給

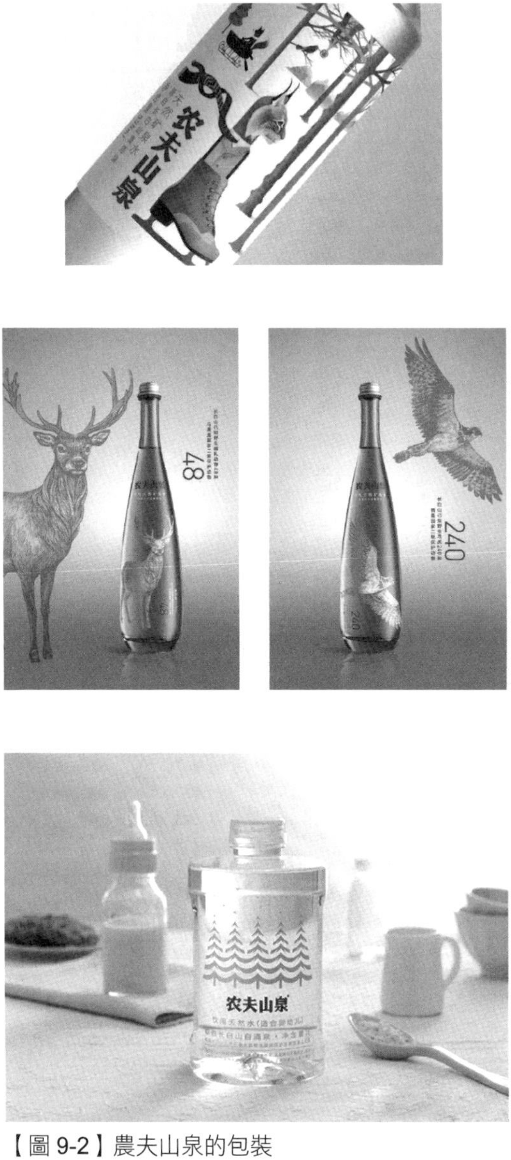

【圖 9-2】農夫山泉的包裝

予更多關注，進而為人們帶來不一樣的消費體驗。

重點㉑　三精製藥的藍瓶身補鈣口服液

藍瓶身成為藍瓶鈣醒目的品牌標誌，留下藍色就是好喝的印象。

故事22　用膠囊外觀創造差異化的左都雨傘

傘一般是拿來防晒擋雨，任何傘都不出這個邏輯，況且天堂傘幾乎壟斷中國的傘行業。但是，如果領悟出外觀即賣點，就有機會跳脫這個邏輯（圖9-3）。

「左都」這個傘品牌換一種角度賣傘，不是賣防晒傘或擋雨傘，而是從外觀升級包裝，做成像膠囊一樣。

這種特殊外觀會讓消費者覺得有趣、好玩。左都有許多產品都由外觀做區隔，效果非常好，不管賣點是否突出，人們都願意花時間研究這樣的新產品。

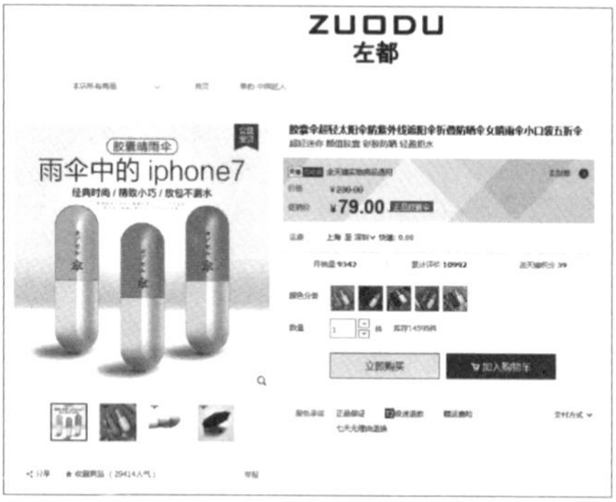

【圖 9-3】左都傘的宣傳廣告（a）

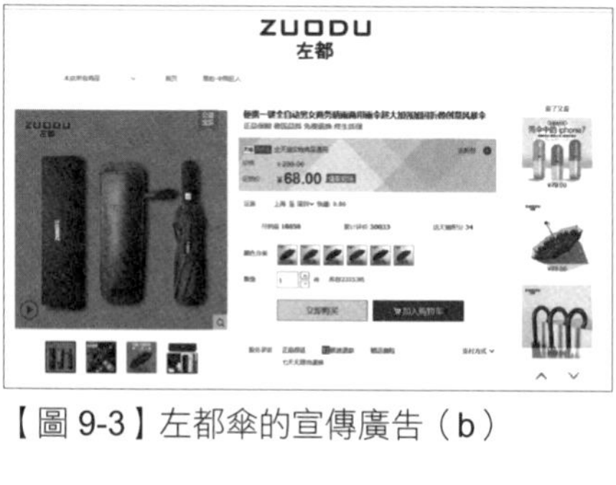

【圖 9-3】左都傘的宣傳廣告（b）

重點㉒　左都的膠囊雨傘

雨傘一般用來防晒、擋雨，但左都在雨傘外觀上出奇招做成膠囊的形狀。

故事 23 快速被記憶的女包品牌——專注動物紋的朱爾&紫色系的紫魅

有兩個出色的女包品牌是靠外觀做出差異化，其中一個品牌是紫魅，專做紫色女包，連網頁的設計風格也全是紫色（圖 9-4）。紫色是貴族的顏色，奢侈品牌常以紫色為標誌。很多人一接觸這個品牌就會馬上記住它。當然，這是比較極端的做法，如果只出一種顏色，很可能損失大量不愛紫色的消費者，便很難把品牌做起來，但是將外觀當賣點在品牌界效果很好。

另一個女包品牌是朱爾（圖 9-5），它的策略比較聰明。朱爾本來打算做真皮女包，但真皮市場太難進入，而且產品單價高一點就很難賣得動，於是朱爾選擇從動物紋女包著手。鱷魚皮製品通常給人奢侈的感覺，而動物紋路代表真皮，所以藉由動物紋快速進入真皮女包的市場，而且成功佔據高價位市場，成為女包行業中的佼

【圖 9-4】紫魅品牌的宣傳廣告

【圖 9-5】朱爾品牌的宣傳廣告

佼者。它的視覺紋路有蟒蛇、豹、老虎等動物，每個包都有鮮明的動物紋，讓人記住朱爾這個品牌。

重點㉓ 分別用顏色、動物紋路在女包市場闖出一片天

紫魅在女包和網頁風格用紫色系作為品牌標誌。朱爾以動物紋女包闖進真皮市場。

故事 24 以外觀質感取勝的富安娜紡織藝術品

紡織業競爭很慘烈。有一年，網路上賣一組床套居然只要二十九元人民幣還包郵，再送4袋洗衣粉，可見競爭多激烈。

在家用紡織品中，富安娜是第一個在外觀上做出差異化的品牌。紡織品在外型上很難形成差異化，但是富安娜把品牌定位在工藝紡織品，在產品的圖案下工夫，做出藝術感，並請舞蹈藝術家楊麗萍代言。

消費者看到海報，就能感受到富安娜紡織品的藝術性（圖9-6），留下高端品牌的印象，而且售價高，讓人感覺富安娜是很高檔的產品。

後來，富安娜推出中間價位的產品，消費者發現自己終於買得起高檔紡織品，於是很多人成為富安娜的粉絲，讓人們既能擁有藝術品，又僅以中等價位就購買到產品。這讓富安娜一躍成為受中產與富人階級喜歡的紡織品牌，並且快速成為上市櫃企業。所以，外觀也是一種重新定義品牌的方法。

【圖9-6】富安娜品牌的宣傳廣告

重點㉔　富安娜的工藝紡織品

富安娜著重紡織品的精細工藝走高檔路線，也推出中間價位的紡織品，因而擴展更多客群。

故事 25　顛覆汽車外型而開闢女性車款風尚的福斯金龜車

福斯是平民化的汽車品牌，在消費者心中價格實惠，很多人買的第一輛車就是福斯。然而，福斯一直想走高檔路線，於是創建豪華轎車品牌——福斯飛騰，售價一百萬至二百多萬人民幣。當時福斯做這款系列轎車品牌時，引起很多人在網路上熱議，因為一輛BMW、賓士才賣四、五十萬人民幣，福斯怎麼能賣到一百多萬呢？因此飛騰的業績不甚理想。

後來，推出福斯金龜車，不僅價格高昂，甚至連賓士都模仿推出相似車款，讓許多人願意出更高的價格，買一輛福斯出品的金龜車。

金龜車的成功源於在外觀上顛覆普通轎車的外型，所以吸引人們跟隨這股風潮，購買福斯的金龜車（圖9-7）。它成功開闢出女性車款的新風尚，賓士也因此專門推出女款汽車。

【圖 9-7】福斯金龜車的宣傳廣告

重點㉕　福斯汽車的崛起

福斯顛覆當時的普通轎車外型，以金龜車系列車款，在汽車市場成功佔據一席之地。

外觀是產品最大的廣告，讓消費者一見鍾情，且有別於競爭對手。有人把面膜做成手機的樣子而稱為手機面膜，有人把日曆做成主題日曆，有人把白酒裝在竹筒裡，就連礦泉水瓶都有人做成千奇百怪的樣子。

做品牌要贏在設計，做產品也不例外。做品牌注重思維的策劃，做產品則要贏在差異化的外觀，從一開始便與眾不同，這是最低成本的行銷策略。

【標榜材質】使你的產品截然不同，就是突顯……

人們相信好的材質才能做出好產品，所以材質是一種獨特的賣點。有些酒店的菜單會明確寫著：只用農夫山泉的山泉水炒菜，只使用魯花牌花生油。這種標榜材質的行為就是在做差異化。雖然都是吃火鍋，但是現場倒入鍋裡的水是農夫山泉，會讓人感覺吃的是山泉水火鍋，心裡隱約覺得這與其他的鍋不同。

充分描寫材質，把材質描寫成產品的獨家賣點，是很多品牌的一貫做法，其中比較典型的案例就是小肥羊。

故事 26　選用蒙古大草原上鮮嫩小羔羊為食材的涮羊肉專家

小肥羊為什麼能夠做起來，首先是名字取得好：小代表嫩，肥代表香。小肥羊的火鍋只使用內蒙古的羊肉，而且是來自錫林郭勒大草原上散養的羊。小肥羊借用牧民的話：「錫林郭勒大草原上散養的羊，吃中草藥，喝礦泉水，拉的是六味地黃丸，尿的是口服液。」充分顯示小肥羊和普通羊肉的差別，好像不吃小肥羊就沒吃過真正的羊肉。

小肥羊只採用一百八十天大的羔羊肉，所以肉質肥美鮮嫩，而且這些羊在零汙染的環境下長大，每天吃的草多達一百四十六種，其中七十三種可以作為中草藥。小肥羊為什麼最終成為上市公司，源於對產品材質的賣點包裝到位，讓小肥羊火鍋充滿競爭力。

透過材質實現差異化，能讓人更加信賴產品的品質和價值。與小肥羊有異曲同工之妙的品牌策劃，是鄂爾多斯集團旗下的高級羊絨品牌——1436。

重點㉖ 食材上找賣點的高手——小肥羊

小肥羊的羊選自內蒙古的錫林郭勒大草原，特別採用180天內吃中草藥長大的羔羊肉，光是羊肉的肉質就大有學問。

故事27 以世界最高羊絨規格命名的小山羊絨品牌

1436是鄂爾多斯集團旗下的高級羊絨品牌，提出小山羊絨的嶄新概念。以世界最高羊絨規格命名，細於一四．五微米、長三十六公釐，僅取自週歲小山羊肩部與體側的羊毛，每公斤原絨中僅有二公克能達到1436的嚴苛要求。

高支精紡紗工藝將一公克的羊絨纖維，抽成長達八十至一百公尺的細緻紗線，在水溶纖維的伴紡下甚至可長達二百公尺，擁有如雲朵般的輕柔質感，搭配四百多種小山羊絨低溫染色的專利技術，保證色彩的絢爛與純正，又維持羊絨纖維的純度與彈性，且手工縫製的提花工藝堪稱鬼斧神工。每一件羊絨產品從原料採集到成品誕生，必須歷經一百二十多道工序才能完成（圖10-1）。

二〇〇八年1436入選為中國國賓禮品，代表中國成為聯結世界友誼的紐帶。二〇一四年成為亞太經濟合作（APEC）高峰會的配飾製造商，與全世界分享頂級羊絨的溫暖明亮。

【圖 10-1】「1436」羊絨品牌的宣傳廣告

重點㉗　羊絨集團——鄂爾多斯

旗下品牌1436以世界最高羊絨規格命名，每一件羊絨產品從原料採集到成品誕生，是必須歷經一百二十多道工序才能完成的珍品。

故事28 曾為清代皇室進貢品的湘西天然珍貴御泥

網路不乏用材質當賣點而起家的成功案例。御泥坊原本是湖南偏遠地區的小品牌，創始人在線上及線下有幾個小店鋪和專櫃，一直到戴躍鋒申請成為御泥坊的網路品牌總代理以後，才改變御泥坊的命運。

化妝品是非常難做的產業，因為消費者多半青睞大品牌。御泥坊剛進入市場時毫無品牌知名度，也沒有累積死忠的消費者，在沒有賺錢的情況下，也不可能投放廣告推廣品牌，只能期待品牌自我啟動。

要實現品牌自我啟動，必須找到差異化的核心賣點，而網路上的大品牌數不勝數，無論美白、補水、保溼還是去斑都有人競爭。不過，危機就是轉機，當市場充斥各種化妝品時，消費者傾向選擇安全的成分，不希望含有太多添加劑，尤其是不含鉛、汞和其他重金屬，御泥坊藉此向消費者展示自家產品成分單純且安全。如何展示呢？從它精彩的文案包裝就可以知道。

御泥在清代是獻給皇室的進貢品，因此命名為御泥，它是純粹的天然礦物質，產量稀少，只在湘西的偏遠小鎮才有。相傳在一千五百年前，古代居民保留著特殊的紀念儀式：每逢開春時節，會圍繞在篝火四周載歌載舞，在唱跳的同時往臉和身體塗抹泥塊。據說這樣可以辟邪祛病、養顏美容。

在御泥坊的產品證書上有則傳說故事：一個老頭得皮膚病，其他家人為了防止被傳染，所以將他趕出家門。當他在野外時，看見一條受傷的蛇鑽進石頭縫裡，第二天竟然皮膚完好無損地爬出來，他認定這個石縫一定有可以治癒傷口的泥巴，於是把泥巴挖出來塗抹在身上，結果皮膚好

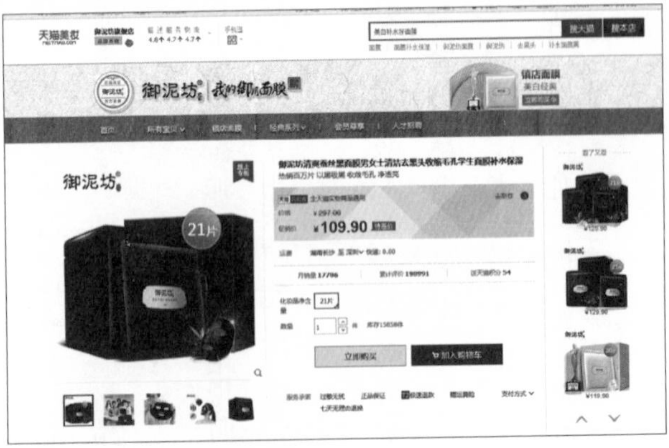

【圖 10-2】御泥坊的宣傳廣告

了。從此這種珍貴稀缺的泥巴成為人們養顏美容、袪病驅邪的「神泥」。

御泥是世界獨有且不可再生的資源，只有在湘西才能取得，而且產量非常稀少。御泥坊的御泥並非來自一塊完整的石頭，不在石頭上部或下部，而是在石頭縫內薄薄的一層，稱為「石膽」。它很難開採，要由人工慢慢敲打下來，而且必須經歷一百八十天左右的泥水分離過程，才能生產出真正的御泥（圖10-2）。

御泥取用自大自然，是真正無添加的礦物質護膚產品，所以相當安全。礦物質因而成為很多人的護膚選項。御泥坊在眾多化妝品市場裡開闢一條道路，成為面膜行業的一匹黑馬，實現億萬的銷售額增長。

重點㉘ 御泥坊的天然御泥

消費者對護膚品會傾向選擇安全的成分，所以御泥坊推出天然安全的礦物質御泥，且實現億萬的銷售額增長。

故事 29 進軍不了醫療市場的全棉水刺不織布，在日用品裡發現龐大商機

另一個以材質為賣點的典型案例是全棉時代。公司連名字都透露出材質。

全棉時代（Purcotton）是穩健醫療集團的全資子公司，傳承集團在醫用棉製品領域二十年的專業和製造經驗，集團的經驗為全棉時代的產品、材料提供非常強大的背書。

穩健醫療集團研發出以全棉水刺不織布為原料的仿紗布產品，這種產品可以避免傳統紗布因為掉線頭而引發的傷口感染問題，而且能大幅縮短生產週期。問題是各國的醫療認證機構並不承認全棉水刺不織布為紗布，所以這種新材料無法進入醫療市場。當全棉時代創始人李建全發現，很多衛生棉廠商願意採購全棉水刺不織布時，看見這款材料在日用品領域的龐大潛力。

二〇〇九年，穩健醫療集團創立子公司全棉時代，運用全棉水刺不織布技術生產純棉衛生紙、純棉表層衛生棉等核心產品（圖10-3）。

全棉時代成功將醫用產品拓展至民生用品，是全中國唯一一家擁有醫療背景的全棉生活用品品牌。醫學棉品標準就是全棉時代的最大賣點。

一〇〇%全棉代表一〇〇%的舒適，醫學棉品標準代表乾淨衛生，因此價位相對較高，在電商和各個門市的客單價（=銷售額÷顧客數）約二百元人民幣左右。以衛生紙為例，全棉時代一款袋裝一百抽純棉衛生紙的價格是每包二十一元，但超市裡一包一百抽衛生紙的價格不到十元。

全棉時代從二〇一一年做電商起，堅持各個購

【圖10-3】全棉時代的宣傳廣告

買管道都必須確保產品品質及價格的一致性：不單獨開關電商供貨生產線、線上線下定價相同（非活動期）。即使不打價格戰，還是做得很出色。

全棉時代把材質當最大競爭力，在棉製品市場中成為廣受歡迎的知名品牌，其門市現在遍及全中國。

重點㉙　擁有醫學棉品標準的全棉時代

全中國唯一一家擁有醫療背景的全棉生活用品品牌，獨家研發全棉水刺不織布為原料的仿紗布產品。

故事 30　延年益壽的巴伐利亞莊園生態木屋

在房地產中，有一項地產受到很多人歡迎，就是廣東河源市的巴伐利亞莊園。它有特殊的地理位置和好環境，其最大的銷售特點是木屋。

巴伐利亞莊園佔山地十平方公里（水域接近二平方公里），由深圳DD集團斥資一百億人民幣建設。

巴伐利亞莊園以「健康養生、禪修養心、旅居養老」的三養為理念，打造「網路＋歡樂旅居＋花海農場＋體育教育＋健康三養」的度假樂園。河源市擁有「空氣洗臉、負離子洗肺、山水洗心塵」的優良生態環境，森林涵蓋率達七一．二％，負氧離子含量達每立方公分一萬二千個，年平均溫度二一．四度。莊園緊鄰著名的萬綠湖風景區，其水域相當於六十八個杭州西湖，是深圳、香港兩地的飲用水源地。

在這麼美好的環境中，為什麼要住木屋呢？巴伐利亞莊園的木屋有何不同？看完以下策劃案，如果你看重養生，一定會選擇巴伐利亞莊園。

主題：生態木屋（延年益壽、反璞歸真、回歸自然）。

根據：科學研究證實，長期居住木屋能延長9到11年的壽命。
公認：人類住屋以木造最佳。
原理：地球生物中樹木的壽命最長，而且採伐後依然存活。
特色：綠色環保、調溫調溼、抗震抗菌、隔音、阻燃、防腐防蟲防潮。

木屋冬暖夏涼、抗潮、透氣性強，蘊含淳厚的文化氣息。遇梅雨季可調節溼度且節能，當溼度大時木屋能吸潮，乾燥時又會從自身的細胞中釋放水分，達到調節作用。木材可抗菌、殺菌、防蟲，因此木屋有「會呼吸的房屋」的美譽，集綠色環保、健康、舒適、貼近自然、設計風格獨具個性、使用壽命長等諸多優勢的健康型住宅。

木屋建設週期短，所有建材皆為天然木材，環保無汙染、結構強度高，有良好抗震性能，達成環保、安全、健康的各項要求，非常適宜居住。木屋是世界級家居的主流產品，它的建造標準、設計工藝已有高度水準。木屋由紋理美觀且色澤柔和的松木建造，特色是冬暖夏涼、隔熱保溼。

芬蘭有悠久的木屋歷史，北美地區九〇％以上的家庭式住房是木質結構，中國也有大量古建築採用木結構，散布世界各地的木造房屋已累積千年的歷史。木造房屋有維護便利的優點，芬蘭、北美地區一些超過二百年歷史的房屋現在仍然使用中，當然還是需要一定程度的例行維護，但一般混凝土房屋五十年內就需要重建，所以木結構房屋的使用壽命顯然更長。

輕型木結構有內裝布置靈活的優勢，外牆結構的木基層上，可選用不同的裝飾材料去豐富外立面。莊園內木屋的室內設計以自然健康、舒適使用為原則，同時考量到多樣的家庭結構，適合各年齡居住。（圖 10-4）。

木屋是巴伐利亞莊園有別於普通住宅的最大賣點，清晰

【圖 10-4】木結構房屋

傳達出「木屋是養生度假地產最好的選擇」的理念。會呼吸的住宅概念深入購房者心中，讓巴伐利亞莊園在地產業界聲名大噪，吸引很多人去參觀購買。

材質即賣點，並非指材質是一個好賣點，還需要將材質的賣點充分包裝，成為超越同行的超級賣點，像是小肥羊的內蒙古羔羊肉、御泥坊的天然礦物質護膚御泥、全棉時代的醫學棉品、巴伐利亞莊園的長壽養生木屋。想想你的產品材質與同行相比有什麼不同？若找不到差異，你會如何做出差異化？

重點㉚　會呼吸的木屋

巴伐利亞莊園木屋以科學實證的眼光，加上周邊的絕佳環境，營造出最特色的木造屋建築，清晰告訴消費者這裡是養生度假的最好選擇。

【工藝】可以奠定行業的製造標準，必定是獨家賣點

工藝與外觀和材質不同，外觀和材質是實賣點，而工藝是虛賣點。一門行業的某種工藝只有業內的人清楚，若為獨門技術連同行都未必知道，消費者更不會曉得產品有哪些技術或製程。正因為消費者和競爭對手無法輕易得知工藝，所以更容易包裝成自己的核心賣點。

在工匠精神盛行的今天，很多人強調製作精品，而產品要精緻必須有好的工藝支撐，才可能形塑好的賣點。若為別人沒有的獨特工藝，產品就具備強悍的競爭力。

故事 31 流傳千年的脫蠟古法造就出工藝級的鑄銅擺件

銅師傅以工藝當品牌的突破口。銅器擺件的製作流程並無太大差異，銅無非是青銅、黃銅、全銅等，所以無論怎樣在包裝材質上大做文章，都不會有更強的競爭力。銅的可塑性極強，所以很難從樣式挑出差異，師傅只能在工藝下工夫與對手做區隔。

「銅師傅」這個名字取得很好，一聽到就會覺得是一群大師在做銅器，應是講究工藝的品牌（圖 11-1）。

二〇一六年雙十一（光棍節）期間，銅師傅銷量翻倍成長，當天突破二千萬人民幣大關，最終以二千六百二十五萬元擠進天貓紡織家居飾品分類排行榜的前五名。銅葫蘆

【圖 11-1】銅師傅品牌的宣傳廣告

一年就售出二十萬個，以工藝擺件這樣冷僻的類型來講實屬難得。銅師傅是群眾募資的高手，一尊銅大聖上線二十三天就募資到五百萬元，到第四十五天便累積至九百四十七萬元。

銅師傅為何取得如此優異的成績？關鍵在一群追求完美、視藝術為生命的年輕設計師、雕塑家，和功力深厚、技藝超群的鑄銅師傅們，對產品苛刻要求，從設計草稿到泥模雕塑，從焙燒模具到精鑄打磨，修改無數次，他們廢寢忘食、不停實驗、反覆斟酌，廢千件而成一款。

銅器的製作方法有很多種，其中流傳千年的脱蠟古法最複雜也最精湛。古老佛像無不採用這種繁複典雅的技法鑄成，即使時光流逝，佛像面目依舊清晰，彰顯出脱蠟古法鑄銅的生命力。銅師傅正是採用這種流傳至今的古典技法，將泥雕製成細膩光滑的蠟胚，再撒入石英砂加熱將蠟熔化，注入銅水到砂模中，等冷卻定型後，鑿出砂模，取出澆鑄好的銅毛胚，並反覆打磨、清洗、著色，才能鑄出一件銅器。

銅師傅是工藝賣點的網路品牌代表。脱蠟古法鑄銅與焙燒工藝成為銅師傅與同行最大的區隔，加上有一群大師級的師傅背書，更彰顯工藝的獨特。

正因為銅師傅的工藝技術如此精良，秉持久煉成器的鑄銅精神，才成為當今銅器擺件中的佼佼者，在電商削價競爭大行其道的時期異軍突起。

重點㉛　銅師傅的工匠精神

流傳千年的脱蠟古法與大師級的工藝技術，秉持久煉成器的鑄銅精神，成為銅器擺件中的佼佼者。

故事32 90公斤到160公斤都能穿的四面彈工藝塑身牛仔褲

牛仔褲行業中，曾出現名為「右道」的黑馬。右道能快速崛起是因為擁有四面彈（4-way stretch）的工藝技術，四面彈牛仔褲就是右道的品牌標誌。

右道堅持做塑身牛仔褲，奉行曲線是科學也是美學，做出一款九十公斤到一百六十公斤都穿得下的牛仔褲，因四面彈材質具備高彈性，所以不會緊貼肌膚，還可塑身（圖11-2）。

四面彈是什麼呢？「彈性纖維（spandex，台灣簡稱〇P）」織物根據用途可分為經向、緯向和經緯雙向彈力，又稱「四面彈」。四面彈擁有七十D突破性的回彈力，與三百六十度的延展性，不管蹲臥或劈腿，都完全沒問題。四面彈第二代為特殊四片布工藝，回彈程度更勝以往。右道藉由四面彈技術迅速崛起，掀起四面彈牛仔褲的時尚熱潮。

【圖11-2】四面彈牛仔褲的宣傳廣告

重點㉜　四面彈工藝起家的右道

四面彈塑身牛仔褲是右道的品牌標誌，奉行曲線是科學也是美學，具有高度的延展性，蹲臥或劈腿都沒問題，右道藉此技術迅速崛起。

故事33　HeatFix耐洗定型技術讓襯衫不掉色且塑形更持久

在打造工藝為核心競爭力這點，SENO是比右道做得更加出色的男裝品牌。

SENO的定位為修身襯衫專家，創立於二〇〇九年，在百萬版型數據資料的基礎下打造適合亞洲人的修身版型，以展現挺拔自信。該服裝品牌深受追求品味的中國菁英男士喜好，襯衫年銷售量高達二百四十萬件。

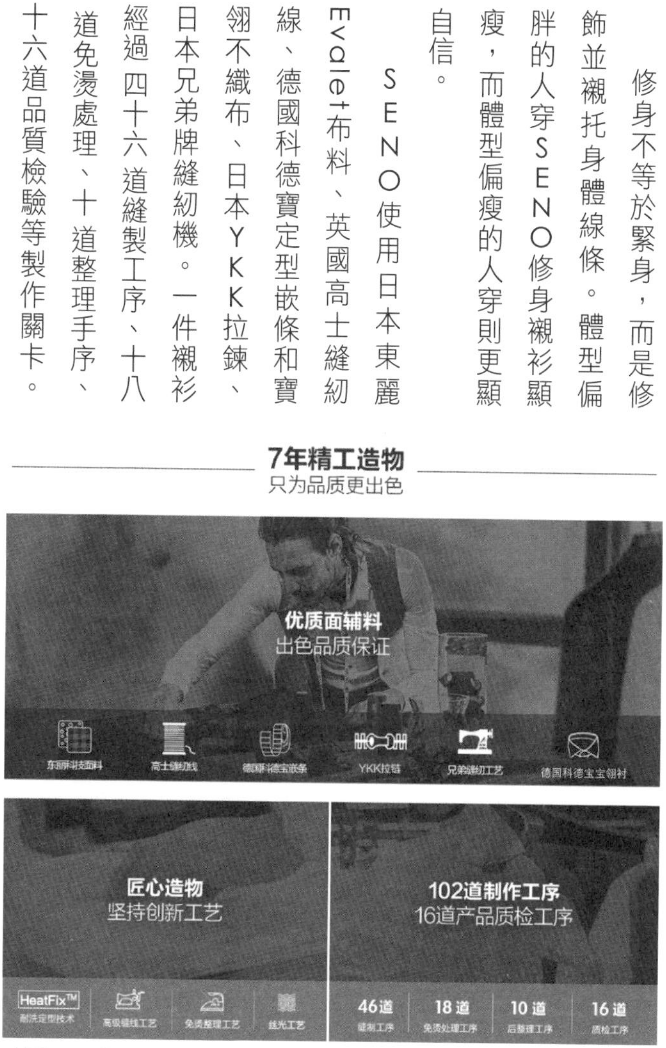
修身不等於緊身，而是修飾並襯托身體線條。體型偏胖的人穿SENO修身襯衫顯瘦，而體型偏瘦的人穿則更顯自信。
SENO使用日本東麗Evalet布料、英國高士縫紉線、德國科德寶定型嵌條和寶翎不織布、日本YKK拉鍊、日本兄弟牌縫紉機。一件襯衫經過四十六道縫製工序、十八道免燙處理、十道整理手序、十六道品質檢驗等製作關卡。
7年精工造物
只为品质更出色
优质面辅料
出色品质保证
高士缝纫线
YKK拉链
兄弟缝纫工艺
德国科德宝宝翎衬
匠心造物
坚持创新工艺
HeatFix™
102道制作工序
16道产品质检工序
46道
18道
10道
16道
【圖 11-3】SENO 品牌服裝的宣傳廣告

堅持匠心造物，使用創新工藝，並且獨創 HeatFix 耐洗定型技術，這種技術可讓洗衣機洗滌時不變形、不掉色、塑形更持久，再加上後續的免燙整理和絲光工藝，奠定SENO在男裝修身襯衫市場的品牌地位（圖 11-3）。

SENO憑藉陣容強大的設計師團隊，嚴格把關供應鏈品質，提供消費者便捷的服務，迅速躍居線上男裝銷售前五十強。SENO將耐洗定型技術註冊商標，徹底捍衛獨門技術，還為男裝訂立出新的行業標準。

重點㉝　男士修身襯衫品牌SENO

體型偏胖的人穿SENO襯衫顯瘦，而偏瘦的人穿則更顯自信，且SENO獨創 HeatFix 耐洗定型技術，為男裝訂立新標準。

故事34 不流失營養的5S物理壓榨工藝，搶佔消費者認知成為行業第一

食用油向來是烹飪美食的關鍵，大家常會選擇原色原香的油品，所以市場上標榜健康、無添加物的食用油非常受歡迎。

中國主打安全牌的食用油中，魯花做得最出色，很多高檔酒店宣稱只用魯花花生油。眾所周知，市場上有很多地溝油與攙和出來的劣質油，而魯花表明絕不做化學調和油，強調經過物理壓榨的油才原色原香、不流失營養。物理壓榨是一門油品工藝，同業都知道。所以，魯花率先提出5S物理壓榨，成為物理壓榨油領域的領先者（圖11-4）。

【圖 11-4】魯花品牌的宣傳廣告

5S物理壓榨是指五重標準，從五方面衡量與控制品質，具備五大優勢：①油品生產過程避免受化學溶劑汙染，使油品品質安全可靠；②採用獨特焙炒工藝，解決花生製油生香和留香的問題；③採用新技術，解決成品油酸價超標的問題；④捨去在浸出階段時不利於油品品質的精煉方法或溶劑，保留住成品油中的天然營養；⑤利用分離技術去除油品中的黃麴毒素。

工藝賣點能促使產品升級為高單價的商品。各行各業都有自己的工藝技術，若你的技術是行業內的共通工藝，必須加入自己的元素讓產品顯得更獨特，才能在原工藝的基礎上提煉出新定義，與別人的工藝賣點做出區隔。

重點㉞　崛起於食用油市場的魯花

魯花堅決表明不做化學調和油，提供經過物理壓榨才不流失營養的油，成為物理壓榨油領域的領先者。

【功能、功效】好方便、超好用的感受，是勝出的決勝點

從品牌策劃的角度來講，產品分成兩大類，一類是功能性質，另一類是風格款式。嚴格一點，可分成四類：功能與功效類、風格款式類、功能與功效為主偏款式類、風格展示為主偏功能類。歸根結柢，產品要找到突破點，總要有一個重點，很多品牌會把功能、功效作為尋覓賣點的重心。

功能、功效可直接反映產品誕生的意義。每一次的功能升級都可能徹底改變一個行業，重新定義一個品類。舉例來說，從黑白電視到彩色電視，僅僅是變成彩色，就發生翻天覆地的變化。如果一款產品比競爭對手多一個功能、功效，就能賣得更好，如果產品擁有嶄新的功能，它將會賣得比全行業的競品都好。

找出產品有競爭力的功能、功效賣點很重要，哪怕僅僅找出一個，或搶先同行一步突顯出某個新功能。一種產品如果能找出數種功能、功效性的賣點，就會比同行的產品更具有競爭力。

故事35 八超鞋的八種功能，在人們心中多功能就是更好的產品

有個鞋子品牌叫雙星，主打老人鞋。隨著年齡越來越大，他們對行走安全的需求越來越高。

經常有新聞報導老年人因跌倒而受傷，所以老人鞋不僅要有普通鞋的基本功能，例如：透氣、柔軟，還必須更加耐穿、防滑、降震。雙星研發的八超鞋是用八個標準打造的老人鞋。

①**耐穿：**雙星將輪胎技術運用於製鞋，使鞋子更耐穿。

②**防滑：**鞋底耐磨且有防滑鋸齒，抓地性很好，通過60度的坡度防滑測試。

③**降震：**鞋底柔軟、有彈性，充分吸收腳部的衝擊力，久穿行走也不會累。

④**透氣：**鞋子上有透氣孔，排汗快、不悶腳。

⑤**輕便：**重量只有一般鞋的三分之一，走長路不會有負擔。

⑥軟韌度：鞋子柔軟，根據老年人腳的特點，鞋前較寬，鞋中有韌度，而鞋後則比鞋前還高，能保護腳踝，讓走路更加輕鬆。

⑦舒適防撞：防撞圓頭保護腳趾，穿起來不磨腳、不傷腳。

⑧實惠：價格實惠，因為老年人多半生性節儉。

八超鞋以功能數目來命名，比同類產品功能多，符合老人的需求，因此很受歡迎（圖12-1）。

“双星八超鞋”八大标准打造老人鞋
耐穿：双星将轮胎技术运用到制鞋当中，鞋子更加耐穿
防滑：鞋底采用耐磨防滑材质，抓地性强，鞋底设计防滑锯齿
减震：鞋底柔软有弹性，能够吸收脚部冲击力，进而保护足部
透气：微型窗透气孔设计，舒适透气、排汗快、不闷脚
轻便：重量不足普通鞋子的三分之一，走长路也不易感觉有负担
柔软：鞋前宽、鞋中韧，走路轻松，柔软高帮保护脚踝
舒适：防撞圆头，保护脚趾，磨不着、伤不着，穿上特舒服
实惠：价格实惠

【圖12-1】「雙星八超鞋」的功能和功效

消費者對產品功能的需求不只一個，而且他們會認為，雖然有些功能不一定是自己想要的，但只要有，這項產品就比其他的更好。

重點㉟　適合年長者穿的八超鞋

年紀越大越需要安全合腳的鞋，雙星八超鞋集結耐穿、防滑、降震、透氣、輕便、軟韌、舒適防撞、價格實惠的優點。

故事 36　功能專一的無渣免濾研磨豆漿機，留住豆漿營養且減少細菌滋生

九陽推出一款免過濾的豆漿機（圖 12-2）。

很多人覺得清理豆漿機很麻煩，因為會殘留很多豆渣，如果不清洗，第二天就

會滋生很多細菌，所以洗豆漿機和清理雜質，成為很多人特別討厭的事情。

很多廠商模仿九陽，但九陽豆漿機又多增加一個新功能——無渣免過濾，簡直是豆漿愛好者的一大福音。

製作一杯好豆漿的重點是研磨。免過濾豆漿機利用石磨原理改變研磨方式，而這種用來去除雜質的豆漿純化系統，是利用三葉片螺旋槳快速旋轉，把豆子吸進研磨器充分研磨。當豆漿從方孔流出時便經歷二次研磨，雙研磨使豆子徹底粉碎，讓營養成分充分溶入豆漿中。免過濾的功能讓九陽豆漿機再次成為業界寵兒。

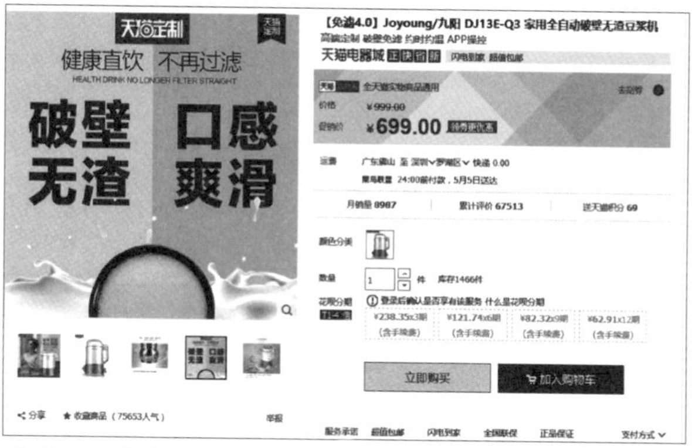

【圖 12-2】九陽豆漿機的促銷廣告

產品功能多不是好現象，因為功能再多，總有同行模仿和複製，所以功能新才是比較好的賣點。豆漿機不僅能製作豆漿，還能免過濾，就是超越同行的新功能。

找到產品的新功能才能成為新賣點，把產品做得更好。很多人研究產品的出發點是想找出新功能。功能是最能被消費者認同的賣點，所以非功能型的產品有時會試圖包裝成功能型，例如：衣服能修身免燙、寢具能抗菌、浴巾可恆溫。風格款式類的產品經常依靠功能型賣點突破，這也是很多企業慣用的方式，後面介紹的幾個品牌便是如此。

重點㊱　煮豆漿不留殘渣的九陽豆漿機

豆子倒入研磨機後，經過三葉片螺旋槳充分研磨，流出孔洞時再次經歷二次研磨，於是豆渣徹底粉碎。這項產品功能少卻專精，能幫助繁忙的上班族輕鬆榨豆漿。

故事 37 進可攻退可守，能充當行動電源的手機殼

手機殼是裝飾性產品，人們特別在乎外觀好不好看。市面上各式各樣的手機殼層出不窮，很難從外觀找出差異。

很多賣家不惜下重本請設計師原創設計，若扛不住對手抄襲，就申請外觀專利。但是，美爾麗歐不在外觀上琢磨，反倒依靠功能賣點實現品牌突破，提出會充電的手機殼這樣嶄新的賣點，是最早一批將手機殼功能化的品牌商。

美爾麗歐首創將手機殼與行動電源融合，變成會充電的手機殼。消費者只需要購買一個手機殼，就不用再另外購買行動電源，既能進攻行動電源市場，又可以進

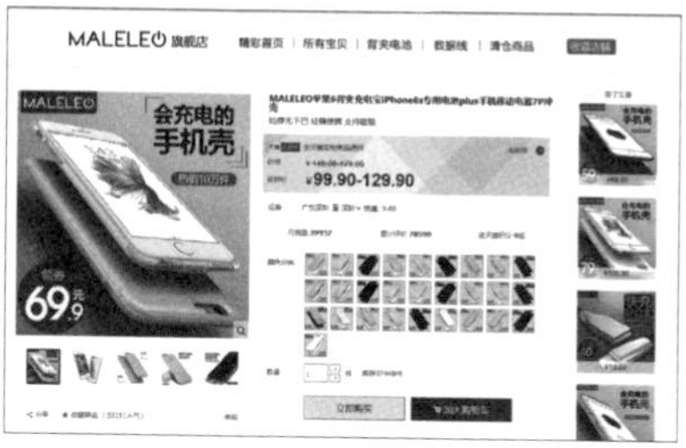

【圖 12-3】「會充電的手機殼」促銷廣告

攻手機殼市場。

進攻行動電源市場時，提出可當手機殼用的超薄行動電源。進攻手機殼市場時，則主打會充電的手機殼（圖12-3）。

美爾麗歐這項產品就是靠功能性賣點，以遠超業界的四倍售價銷售，月銷售數量更直逼四萬個，成績斐然。

重點㊲　會充電的手機殼——美爾麗歐

美爾麗歐屏棄手機殼外觀而以功能取勝，跳脫出賣點死海。

故事 38　兼具時尚感、舒適度，還能外出穿的家居服

家居服競爭特別激烈，從琳瑯滿目的價格就能看出來（圖 12-4）。家居服似乎不像女裝有那麼多風格，款式僅在情侶套裝方面有較多選擇。除了強調款式好看、質料很好，好像也沒什麼其他功能可說。

【圖 12-4】家居服價格戰促銷廣告

淳度品牌開拓出家居服的高單價市場，它賣一件睡衣的淨利潤，等同於前圖賣出七至十件的淨利潤。淳度除了品質好，還提出睡衣新概念——可以外出穿（圖12-5）。

淳度把家居服做出室外女裝的時尚感，擴大家居服的競爭能力和市場。可外出穿的家居服，能同時進攻服裝市場與家居服市場。淳度按照女裝的時尚精神設計家居服，而得以跨足不同的服裝領域。再好的服裝也舒適不過家居服。

即使淳度售價一百六十八元人民幣以上，很多人仍情願捨棄二十九元這樣有CP值的家居服，轉而選擇淳度，且品牌忠誠度高。

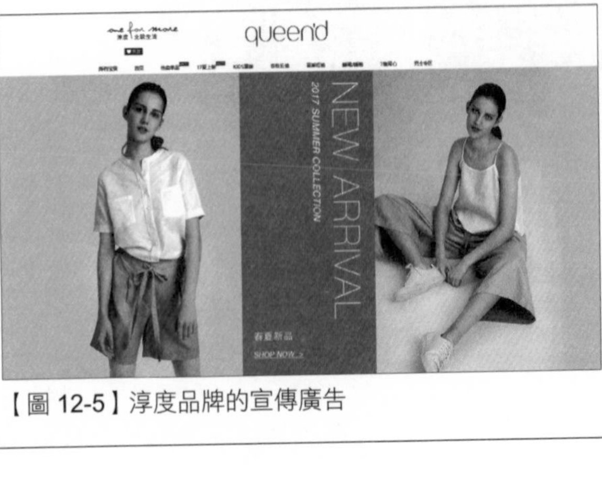

【圖 12-5】淳度品牌的宣傳廣告

「無產品不功能」是策劃業界一直以來的體悟。賣一款產品，至少幫它找到一個賣點，最好找一個新功能，因為功能、功效賣點是最能讓使用者付費的賣點。

重點㊳　淳度擴大家居服的競爭層級

淳度顛覆既定印象，使家居服穿出時尚感。一件衣服兼具舒適和時尚，又可以穿去更多場合，就是最棒的衣服。

【時間】顯現工匠精神，使產品具有底蘊和精神

耗費時間成就的產品最珍貴，時間能代表產品的狀態、來源、獨特性質，是策劃賣點很好的著力點。

國窖1573系列酒用年代命名，直白表達瀘州老窖的酒品精華，代表這款酒和明朝萬曆元年時興建的國寶窖池一樣古老。一件訂製服七天內出貨就會受歡迎，因為免去等待之苦。神奇的是工廠花九十天做一張床，是因為人們願意花大錢買細緻做工。所以，時間是神奇的賣點，它體現古老，也表達新鮮，它表現工業速度，也傳達工匠精神，它能讓產品的包裝更有底蘊和精神。

用時間做賣點，是讓人們情感化更貼近產品的有效方式。這樣的例子很多，而且都很經典，接下來舉幾個案例來做說明。

故事39　不賣隔夜菜肉，是錢大媽生鮮日日貨架淨空的祕密

通常情況，居民買菜有兩個去處：傳統菜市場或是超市的生鮮區域。超市生鮮常以低價吸引客源，但並不新鮮，而傳統市場則是衛生堪憂、缺乏效率。

在當前越來越注重食品安全的社會氛圍下，需要有一個介於超市和菜市場之間的機構或社會組織，提供讓市民放心的生鮮食品。

於是，打著「不賣隔夜菜肉」口號的生鮮品牌錢大媽便應運而生，因為未售完的生鮮次日繼續販售是很普遍的現象，而錢大媽要求所有新鮮菜肉商品均要在當天銷售完畢，即使未售完隔日也不會再販售。

公司採購有最嚴格的管理體系，所有豬肉產品無瘦肉精、無激素、無超標重金屬、非灌水肉、非病死豬，格外注重所售豬肉的新鮮程度，讓消費者吃得香又放心。為了傳達這一理念，店外觀除了最顯眼的「錢大媽」商標字之外，就是「不賣隔夜菜肉」這個口號（圖13-1）。

蔬菜、肉類都是當天運送，寧願白運，也絕不過夜。為遵守口號，每天十九點整全場商品打九折，十九點三〇分打八折，二〇點打七折，到二三點三〇分時全場商品免費送。

錢大媽一位員工說：「按規定每天二三點三〇分全場商品免費送，但通常不會有這種狀況。我們會根據前一天的銷售資料，安排當天出售的菜肉數量，加上晚間的促銷活動，每天二一點左右貨架基本就空了。」錢大媽每個連鎖店都做到每天清貨，高調證明每天出售的菜肉都是當天生產。雖然多付一些成本，但是相較於獲得的品牌效應，是事半功倍。

錢大媽品牌一經建立，便迅速佔領珠江三角洲地區，成為該地區較大的生鮮菜肉專賣店。截至二〇一五年九月，錢大媽品牌已經在廣州、深圳、東莞等地，開設超過一百家的專賣店，為數百個社區供應新鮮菜品。

【圖 13-1】「錢大媽」的宣傳口號

重點㊴　每日出清食材的錢大媽生鮮

科學品管當日銷售品項，堅決不販賣隔夜菜肉，每日出清食材，是既惜食又守諾言的典範。

故事40｜天然晒製天然鮮，用180天的時間印證何謂好醬油

海天醬油的市場佔有率一直很高，但廚邦醬油出現後，迅速壯大並發展到可與海天醬油相抗衡。

原本廚邦醬油賣得普普通通，後來一路逆襲，迅速做大，這都得益於廚邦醬油找出與別人不同的差異化賣點——晒足180天（圖13-2）。

廚邦擁有規模宏大、位於中山市的沿江大晒場和陽江市的依山大晒場。位在北

迴歸線以南的嶺南地區，為獨特的亞熱帶晒場，溫溼度適宜，日照時間長，是傳統南派醬油釀造的核心區域。廚邦為了和工業醬油有所區別，只採用日晒，在他們的理念裡「晒足180天」才是天然美味的好醬油。

廚邦醬油憑藉「天然晒製，天然鮮」的賣點崛起，在二〇一〇年至二〇一四年期間，廚邦的銷售額增加一・二倍，而同期海天醬油的銷售額增加不到六〇%。

【圖 13-2】廚邦醬油的促銷廣告

重點㊵　廚邦醬油靠釀製時間取勝海天

廚邦以一百八十天的醬油產程點明，不是一般機器產的廉價醬油所能比擬。

故事41 早晨9點前限時採摘的花苞，12小時內火速製成鮮花精油

阿芙精油為了做出一瓶好精油，只採用當季最新鮮的鮮花，它在全球各地以契約種植的方式，與產地、氣候、日照量、降雨量等都合適的莊園簽約，所以阿芙的原料與當季採摘的鮮花花材，都是出自指定產區（圖13-3）。

阿芙精油提出「得花材者得天下」。每年從五月開始，黎明破曉時分，玫瑰莊園裡的花農就要爭分奪秒地採摘帶露水的玫瑰。隨著太陽升起，氣溫逐漸升高，露水便會隨之揮發，所以花農一定得在九點前完成採摘作業，而且是取下花苞而非花瓣，並在十二小時內將花朵送入蒸鍋。清晨時還沐浴在晨露中的一朵鮮花，當夜

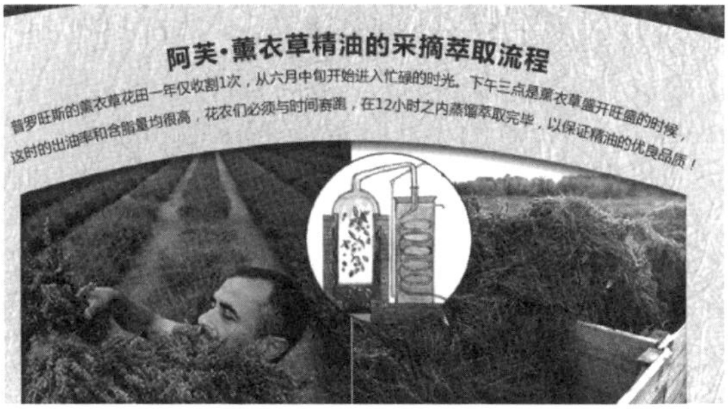

【圖13-3】阿芙精油的宣傳廣告

幕來臨時已經製成精油。每一瓶精油都必須與環境和時間賽跑，才能呈現在精油愛好者的面前。

每種鮮花都有規範的採摘時間，在合適的時間定量採摘。一畝地一個工人只能採摘三袋塑膠袋。正因為阿芙精油如此嚴苛的精神，用時間換取一款好的精油產品，才成為網路品牌中的奇蹟，所以即使走高價位路線，其他的精油品牌仍無法撼動其市場地位。

重點㊶ 懂時間的阿芙精油

破曉前採摘的玫瑰花苞，火速在十二小時內送入蒸鍋，當夜幕低垂時已提煉成精油，阿芙用時間換取一瓶好精油。

故事 42　45天時間限定！有護膚功能的小瓶裝沐浴乳

沐浴乳可說是接近壟斷，寶僑（P&G）旗下的諸多品牌都有做沐浴乳，而且個個都很強勢，皆有獨特的賣點和強大的品牌背書，所以這個行業非常難競爭，不是知名品牌，想嶄露頭角非常困難。

美人符秉持「懂身體的沐浴乳」。沐浴乳一般用來清潔身體，少有廠商將功能上綱至護膚，因為很多人只重視三%的臉部卻忽略九七%的身體，而美人符要做一款有護膚功能的沐浴乳，用取自天然植物的原液取代由椰子油或棕櫚油做成的皂基，以精油代替香精，以鮮花代替色素，懂身體的沐浴乳就這樣誕生了。

美人符生產的沐浴乳無添加任何化學成分，使用鮮

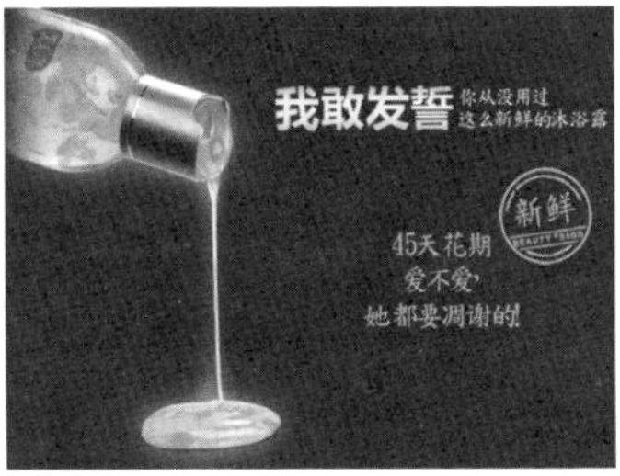

【圖 13-4】美人符沐浴乳的推廣廣告

花製造，以花中精華和花香護膚，所以每一瓶沐浴乳都是小瓶裝，必須在開蓋後四十五天內用完，沒用完就得丟掉。有效期限四十五天是很多消費者選擇美人符的重要原因，四十五天感覺就是新鮮，正如鮮花的花期，在瓶中緩緩綻放（圖13-4）。

美人符從網路起家，沒有任何線下的實體基礎，卻在網路上創造奇蹟，累積超過一百五十七萬的死忠消費者。

重點㊷　懂身體的美人符沐浴乳

開蓋後倒數計時四十五天內有效的沐浴乳，足夠證明它多麼鮮活自然。

故事 43　擺脫束縛感，睡覺也能穿的內衣

中國的內衣市場充斥中低端品牌，而高端品牌僅佔據整體內衣市場的十%。厚重、

一味追求聚攏效果，且同質化嚴重的傳統內衣品牌，漸漸難以滿足消費者的需求。很多女性回家第一件事就是脫掉內衣，擺脫鋼圈的束縛感，而無鋼圈的內衣為女性提供一種新的選擇。資料顯示，無鋼圈內衣銷售成長的速度是有鋼圈內衣的四倍，每年增幅超過三〇%。

無鋼圈內衣是內外（NEIWAI）的核心產品，借助質料本身的彈性和代替鋼圈的創新仿鋼圈結構，佔據內外品牌整體銷售的七〇%，而內褲、運動系列和家居服各佔十%。

市面上不缺內衣品牌，但為什麼找不到合適的內衣呢？有人認為背後原因是大部分公司採用快時尚的方式做內衣，很多大品牌每年出成千上百的新款，許多款型不一定能完全適合個體。

外衣可以騙過眼睛，但內衣不可能騙過身體，內外用顛覆者的思維進入內衣行業，目標是做出感覺不到壓迫的舒適內衣。內外推出一款零過敏日常無鋼圈系列，採用防過敏的棉質和創新的半碼內衣體系，後來又新推出運動系列產品，適合運動女性穿搭。內外致力於設計最舒適的無鋼圈內衣，讓越來越多的女性因為內外，而更加自信自在（圖13-5）。

越是傳統的行業越有創新的機會，內外從鋼圈內衣的細分市場著手，從質料、工藝、版型、結構等全方位視角，探索審美和功能創新的可能。四年來，該品牌已經累積十萬多用戶。她們中的大多數已經養成每三個月回購內外產品的習慣，一年內回購率高達四〇%。內外產品對很多女性而言不可替代，穿過內外內衣的人再也無法穿其他品牌。

內外被稱為「內衣中的優衣庫（UNIQLO）」，因為它不追求款式的數量，而是企求每款內衣都能成為

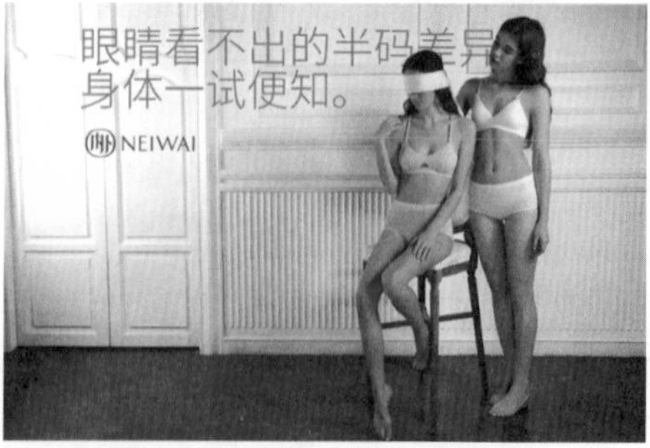

【圖 13-5】內外內衣品牌的宣傳廣告

經典款。內外訂有嚴格的產品淘汰機制，當一款產品無法達到銷售預期時，便不會繼續生產。

內外三十款無鋼圈內衣佔據七〇%的銷量，經典款一個月的銷量能達到五千至六千件。內外堅持用較多的時間做少量的款式，堅持做出睡覺也能穿得舒適的內衣，讓人一穿就不願意脫下來。

內外強調零感覺，舒適且懂身體的內衣是它突出的差異點。內外在二〇一六年雙十一當天的銷量是平常的九倍，加購金額甚至超過一千二百萬人民幣。同年推出新款的零敏感玲瓏內衣，其銷量在天貓同價位產品中佔居第三位，僅次於優衣庫和曼尼芬。

時間即賣點，它可以啟動產品的生命，賦予產品新的性質，甚至創造新的品類，例如睡眠面膜就是專為夜間研製。

無數品牌打出時間牌：第九城做終身保修的行李箱，所以成為行李箱的領導品牌。

順豐以快制勝，所以成為快遞業的老大。優信二手車喊出「人生沒有回頭路，但二手車有」、「三十天包退，一年保修」，雖然起家較晚，但是時間上的賣點使它迅速崛起，成為消費者心中值得信賴的品牌。

重點㊸　內外——內衣界的UNIQLO

堅持用較多的時間做少量的款式，訂定嚴格的淘汰機制，致力於讓每一款內衣都成為經典。

【數字】具備簡單易懂、好記憶、易傳播的特質

用數字表達賣點最直觀，從行銷的效果來看，寫千字不如一張圖片，看千張圖不如告訴消費者一個數字，因為數字容易記憶，而且易於傳播。

很多品牌名直接使用數字，例如：三隻松鼠、三棵樹、香奈兒N°5香水、58同城、六個核桃、七喜、7天連鎖酒店、7-ELEVEN、九毛九、999感冒靈、好百年、百度、百威啤酒、百事可樂、百雀羚、千色、萬科、萬達，類似的企業還有很多。

數字能代表經緯、度量單位、溫度、程度，從多種角度闡述一個產品。礦泉水品牌樂百氏提出二十七層淨化，代表水的淨化程度。家具品牌衛斯理是後起之秀，產品單價介於八千到一萬人民幣，網路上年銷售額甚至破億。衛斯理的沙發打出「五頭牛只做一套沙發」的概念，充分顯示沙發的珍貴，如同王品「一頭牛僅供六客」這個概念，顯現出品牌的與眾不同。

故事 44 為什麼廣州人做的四川火鍋賣得特別好？因為油只用一次

祿鼎記是火鍋品牌，廣州人做的四川火鍋極有個性，店內經常滿座，吃一道酸菜魚要等上三個小時。

為什麼廣州人做的四川火鍋賣這麼好？一般來說，火鍋的油會重複使用很多次，四川老火鍋的油可能用上幾十次，而祿鼎記打破這個傳統：油，我們只用一次（圖14-1）。

在地溝油橫行的今天，食品安全大於天，「油，我們只用一次」的概念完全符合人們的心理需求，讓顧客為了吃到招牌酸菜魚，而願意排隊等候三小時。如今，祿鼎記生意越做越好，分店到處開花。

【圖 14-1】祿鼎記的推廣口號

重點㊹　祿鼎記：油，我們只用一次

打破油品重複利用的傳統，讓消費者願意花三小時排隊等候。

故事45　沒人敢說第一，那麼宇宙第二好吃的酸菜魚就是最好的

太二的由來是因為老闆將全部精力用在研究菜色，而忽略其他事，所以經常被顧客笑「太二」。太二要做宇宙第二好吃的酸菜魚，定位和品牌名相得益彰。數字「二」會讓人去想像誰是第一？但沒有品牌說自己是第一，況且「第一」違反中國的廣告法，那麼宇宙第二肯定就是最好的（圖14-2）。

太二的招牌菜永遠是酸菜魚，主打菜式有老罈酸菜魚和填腦豆花酸菜魚。魚肉選用手打的鱸魚片，厚度為精準的二公釐，確保肉質彈韌。太二還宣稱「我們的酸

菜比魚好吃」，酸菜醃足三十五天，並用天然的好泉水製作鹽水，因此口感脆爽、酸味達標，帶有乳酸味。

你可能會覺得，太二每天只賣一百條魚是一種飢餓行銷，或是故意吊人胃口。不過，產品信仰才是太二的原點：一是魚本身好；二是客人吃魚的體驗好。太二創始人之一徐伊倫認為，每天賣一百條魚，上午五十條，下午五十條，是為了保證產品的品質，而限量也讓人感受到酸菜魚的珍貴。

此外，太二不接待四人以上的消費者，讓很多人抱怨這家店「太二」，但抱怨後還會再來光顧。徐伊倫表示，未來太二會持續變化食材、辣度、吃法等，研發更多不同口味的酸菜魚。

【圖 14-2】太二品牌的宣傳語

重點㊺　太二：酸菜魚限量供應

醃足三十五天的酸菜、二公釐的手打鱸魚片、每天只賣一百條酸菜魚，堅持做好酸菜魚這道招牌菜。

故事46　少即是多，只含三種原料的優酪乳更加健康安全

優酪乳是中國乳業近幾年增長最快的品類。據市場諮詢公司英敏特的報告指出：二〇〇九年至二〇一四年，優酪乳市場的總銷售量翻倍成長，增長一一一%，零售額的成長則更加猛烈。

英敏特研究分析師顧菁表示：「中國人越發崇尚健康的飲食，優酪乳恰巧迎合消費者對零食日益增長的需求，因此推高優酪乳的人均銷費量。」二〇一三年的中國優酪乳人均消費量僅一．八公斤，與歐洲人年平均二十公斤的消費量相比，市場潛力巨大，這種猛烈增長的現象未來還會持續很長一段時間。

優酪乳這片藍海成為夏海通創業的起點，於是簡愛優酪乳便誕生了。它與其他品牌最大的不同在於，其原料僅有生牛乳、糖、LGG乳酸菌而已。

簡愛對奶源的要求極高。含抗生素的牛奶不能做成優酪乳，原因很簡單：乳酸菌都讓抗生素消滅了。簡愛秉持「少即是多」，用心將優酪乳做回它最初的模樣（圖14-3）。

簡愛總結：一〇〇％鮮奶發酵的優酪乳＝好鮮奶＋優質乳酸菌＋更易吸收的蛋白＋更易吸收的鈣。簡愛認為只有二十四小時內裝罐的鮮奶，才能保證最高的營養和最純的味道，才可以用來發酵優酪乳，所以簡愛拒絕奶粉和異地奶源。

简爱
只含3种原料的裸酸奶，
其他没了。

【圖 14-3】簡愛做優酪乳的原則

重點㊻　簡愛的極簡優酪乳

優酪乳原料除了生牛乳、糖、LGG乳酸菌，就沒有了，以極簡配方贏得消費者的信任。

故事47　一晚1度電，可以放心開整晚的空調

在酷熱的夏季中，空調無疑是讓用電量大增的主要因素，節能成為消費者選擇空調的重要指標。純粹強調節能毫無意義，因為很多品牌都這麼宣稱，直到美的（Midea）提出明確數字當作賣點，才把節能描述得更加具體。

美的空調提出「一晚1度電」的廣告詞（圖14-4），自然引來無數關注。這句廣告詞在各大電視台和家電賣場中反覆放送，讓人看到就想到美的空調。

美的全直流變頻空調是美的所推出的新節能系列，只要按下遙控器上的ＥＣＯ鍵，空調就會轉為節能模式，在八小時睡眠週期內的製冷耗電量，最低僅需一度電，成為炎炎夏日中的省電空調新選擇。

【圖 14-4】美的空調的廣告詞

有一點必須謹記，數字賣點提出的數字必須真實存在，否則會讓競爭對手抓住機會，導致品牌聲望一敗塗地。

重點㊼　美的空調：一晚1度電

憑藉一晚1度電的數字賣點，讓消費者記住美的空調。

故事 48　一對一替老闆量身打造企業經營方案的小黑屋諮詢

璽承諮詢是電商培訓界的行業老大，雖然在培訓市場中屬於後進品牌，但一路橫掃，迅速在中國華東、華中、華南成立分公司，完成商業布局。

璽承諮詢被電商企業稱為收費最貴的培訓機構，首創一對一的小黑屋概念，就是一家電商企業配一位電商老師，並提供企業客製化的經營方案。

這套教學模式迅速引起廣大的迴響。璽承協助輔導過一百九十六種行業，包括燈飾、家具、內衣、電腦3C、女裝、內搭褲、童裝、掛鐘、汽車等行業，排名靠前的賣家有一半是璽承諮詢的學員（圖14-5）。

【圖 14-5】璽承諮詢的網頁

> 璽承堅持，只有一對一輔導才能了解學員的實際情況，並對症下藥，量身訂製一套解決方案，而傳統聽講式的培訓課程難以真正解決企業的經營問題，所以儘管收費昂貴，仍期期爆滿。
>
> 此外，璽承還有另一項堅持：如果老闆不自己來聽課，給再多錢也不收，不賺毫無效果的錢。璽承不做任何廣告，但是電商企業基本上都知道它的存在。

重點㊽ 璽承諮詢：一對一的客製化諮詢

首創一對一輔導的小黑屋概念，一家電商企業配一位老師，針對企業病灶對症下藥。

我們不知道小肥羊是怎樣的一種羊，而一百八十天的羔羊肉讓人瞬間理解這就是小肥羊的標準。廚邦醬油是經過晒製的天然醬油，我們不清楚該晒多久，但晒足一百八十天卻清晰表達出，晒製時間的長短決定醬油的口感好壞和新鮮度。

數字可以將抽象的概念具體化，這就是很多商家喜愛用數字當品牌名或賣點的原因，因為通俗又易懂。

【地域】產品的出身地，最能聯結人們的記憶

地域這個概念包含的範圍很廣：地點、地名、地形、地貌、地域氣候、地域文化、地域特質等多種因素。地域顯示產品的出身，在地域上找賣點是策劃產品的好方法，因為地域具備唯一性。地域性產品通常會加上產地名，例如：陽澄湖大閘蟹、良鄉板栗、青海冬蟲夏草等。這些地名背後承載人們對地域特徵的記憶，以及對此地產品品質的高度認可。從一瓶礦泉水，就能看出大品牌在地域賣點上競爭的激烈程度。

故事 49 與廣西巴馬長壽鄉的百歲人瑞喝同樣的活泉水

廣西巴馬活泉在數億年的喀斯特地形（石灰岩地層經過侵蝕風化所形成的岩溶地形）中形成，創造出泉水四次潛入地下，又四次流出地表的自然奇觀。獨特的水流過程，使泉水富含各種有益人體的礦物質和微量元素。

巴馬活泉有舒緩、鎮靜肌膚的作用，可緩解肌膚泛紅、緊繃、乾燥、灼熱等敏感狀況。受當地〇．四五～〇．五高斯的強地磁影響，水分子被切割為僅〇．五奈米的小分子結構，一接觸皮膚就能迅速滲入表層，直達有棘層和基底層。

國際自然醫學學會歷經七年的研究表明：世界長壽之鄉巴馬可滋泉具有獨有的珍稀天然小水分子團，能活化細胞酶組織。巴馬活泉是世界罕見的健康之水，人們長期飲用可以抗衰老。廣西巴馬瑤族自治縣的百歲人瑞比例，便是位居世界之首。

重點㊾ 巴馬活泉：源自長壽之鄉的水

特殊的天然地形使巴馬活泉富含礦物質及微量元素，是國際自然醫學學會認可的健康水，而且巴馬瑤族的百歲人瑞比例位居世界之首。

故事 50 達到歐盟標準的西藏高原冰川礦泉水

5100西藏冰川礦泉水是純淨清澈的複合型礦泉水，取自西藏的念青唐古拉山脈、位於海拔五千一百公尺的原始冰川。經科學考察，此處泉水正好在西藏高原的活動斷裂帶，為岩漿侵入與地熱活動雙重作用下的伴生物，在地底下經歷多年深層循環後，富含鋰、鍶、偏矽酸鈉等礦物質和微量元素，其含量達到天然礦泉水中的歐盟標準，並沿著斷裂帶上升露出，形成世界級的優質礦泉水。

重點 ⑸⓪ 5100：西藏冰川礦泉水

泉水位處西藏高原的斷裂帶，富含達到歐盟標準的有益礦物質和微量元素。

故事51 長白山深層礦泉，獲得世界權威鑑定機構費森尤斯認可

恆大冰泉的水源地為長白山深層礦泉，與歐洲阿爾卑斯山、俄羅斯高加索山一併被公認為世界三大黃金水源地。長白山林海泉經過地底下千年深層火山岩磨礪，百年循環、吸附、溶濾而成，屬火山岩冷泉。水溫常年保持在六至八度，水質中的礦物成分及含量相對穩定，水質純淨零汙染，口感溫順清爽。恆大冰泉經由世界權威鑑定機構費森尤斯（Fresenius）檢測出：其口感和品質與世界知名品牌礦泉水相近，部分指標甚至更優。

一方水土養一方人，每個地域都有自身獨特的優勢。地域按地形分為高原、平原、山地、丘陵等，皆可成為特色賣點，而地域的氣候、人文、山水資源同樣能當賣點，以地域特色為策劃點的品牌不在少數。

重點 51 恆大冰泉：源自長白山的深層礦泉

來自世界三大黃金水源地之一的長白山礦泉，為獨特的火山岩冷泉，且經鑑定機構檢測與知名礦泉水指標相近，甚至更優。

故事 52 崇明島稻米運用冷鏈技術鎖鮮，成為新鮮稻米的代名詞

崇明島稻米是米界中的黑馬品牌，產自上海崇明島。該島為中國第三大島，位處北亞熱帶，氣候四季分明、溫和溼潤。夏季溼熱，盛行東南風，冬季乾冷，盛行偏北風，是典型的季風氣候。這裡三面環海，加上特殊的島嶼氣候，使得當地出產的稻米與其他地區截然不同。

崇明島稻米與島上五千畝農場簽訂契約種植，提出新鮮米的理念，一上市就

受到歡迎。崇明島有獨立的鎖鮮休眠室，引進日本冷鏈系統（cold chain）這種低溫儲藏技術，保證稻米在碾壓的過程中，溫度上浮不超過〇．五度，避免因高溫而流失營養。

稻米在加工與存放過程中會流失營養，逐步滋生有害病菌，長期食用庫存米對身體不好，所以運用日本的低溫冷鏈系統恆溫儲藏。崇明島的稻米富含營養成分，成為很多人的首選米，有高達七〇%的回購率。

不是所有的稻米都叫島米，而新鮮的島米就是崇明島的品牌標誌（圖15-1）。

【圖 15-1】
崇明島稻米的推廣口號

重點㊾ 崇明島的稻米

崇明島特殊的季風氣候，再加上日本冷鏈系統的保存技術，成就出最新鮮的島米。

故事 53 位於北緯41度擁有「黃金冰谷」稱號的葡萄冰酒

冰酒起源於十八世紀末的德國法蘭克尼亞（Franconia），一座葡萄酒莊碰上一個極好的年分，但酒莊主人外出而未能趕上成熟葡萄的採收時間，緊接著一場比往年都早的暴風雪突然降臨，讓葡萄凍結成冰，但酒莊主人不願放棄，把凍葡萄採摘下來並壓榨成汁，沒想到釀製出來的葡萄酒竟然風味獨特、芬芳異常。這就是後來以產量稀少、品質高貴而聞名世界的冰酒。

有一種酒，全球每三萬瓶葡萄酒中只有一瓶，被稱為冰雪的饋贈、上帝的眼淚，其顏色和價格都如同黃金，這種酒就是「北緯41度冰酒」。

冰酒是太陽谷的核心產品，在世界上被盛讚為「液體黃金」，全球產量極少，幾百年來都是供應歐美上層階級的高級酒品。土壤是成就太陽谷在世界冰酒界尊崇地位的關鍵。好的葡萄酒「七分在種植，三分在釀造」，優質的葡萄對土壤的要求極高。

太陽谷莊園位在北緯四十一度、海拔三百八十公尺，土壤質地是適合種植葡萄的灰鈣土（sierozem），冬季時有零下八度的自然低溫，這種種有利的環境因素讓葡萄在生長季裡，擁有充分的日照和適宜的溫度與溼度。太陽谷莊園的葡萄產區，齊備全球罕見符合冰葡萄生長的各種理想因素，而加拿大、德國等大多數的冰酒產區都望塵莫及，因此是世界公認釀造冰酒的絕佳地帶，享有「黃金冰谷」的美譽。

太陽谷莊園的歷史就等同土壤的改良史。二十多年光陰、數億人民幣的投入，最終將八千畝葡萄園恢復為農耕時代的自然生態有機土壤。整個種植過程零農藥、零化學肥料。

太陽谷莊園用來釀酒的葡萄品種達數十種之多，經歷葡萄植株多年植栽、反覆的土壤改良，如今法國伯爵藍帶等日漸式微的歐洲古老名貴酒品重現生機，令國際葡萄酒界驚喜不已。得天獨厚的自然環境和嘔心瀝血的潛心耕耘，使太陽谷成為釀造頂尖葡萄冰酒的夢幻之地（圖15-2）。

太陽谷莊園成為中國冰酒行業的領銜者，是一家獲得歐盟和中國雙有機認證的莊園。太陽谷至今已榮譽滿身：二〇〇五年榮獲倫敦國際評酒會金獎，二〇〇六年榮獲布魯塞爾國際評酒會金獎，二〇〇七年榮獲聖地牙哥評酒會

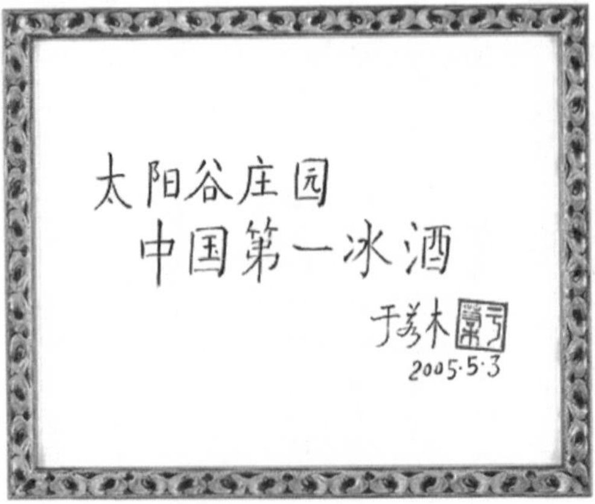

【圖15-2】中國營養學會會長為太陽谷冰酒題詞

金獎，二〇一一年獲選全球最有價值百大品牌之一，以及二〇一二年成為拉菲酒莊（Château Lafite Rothschild）在中國的唯一經銷商。

重點㊸ 太陽谷莊園：中國冰酒行業的領銜者

灰鈣土地質是成就太陽谷在世界冰酒界尊崇地位的關鍵，結合北緯四十一度，海拔三百八十公尺，冬季零下八度等地域特質，而擁有絕佳的葡萄生長環境。

故事｜54｜海拔一千一百公尺、純度更高且無汙染的高原蜂蜜

蜂蜜作為一種保健食品，有很多賣點，像是成熟蜜、原蜜、不濃縮、無添加、零汙染等。

地域之爭從來沒有減少過，蜂蜜的產地很多人會講東北、湖南、秦嶺等地，但沒有人在地形上做出差異化，而蜜愛蜜首次提出高原蜂蜜的概念（圖 15-3）。

高原接受的日照量比平原更多，且生長的植物和生態環境也不同。高原氣候和特殊的土壤，有利於植物體內營養物質的合成與累積，形成同一蜜源的不同花期有早、中、晚之分，這讓蜂蜜的純度更高。

蜜愛蜜的蜜源與眾不同，高原蜂蜜如同甘露般珍貴，野花蜜保留了蜂蜜的天然酶和原有的營養物質，富含更多維生素、礦物質、胺基酸、酶類，芳香甜潤，屬於無汙染原生態的天然食品。

【圖 15-3】蜜愛蜜品牌的推廣廣告

大部分與棉品相關的行業，都說自己的棉是新疆棉，凡在地域上有優勢的產品都能講出故事，例如：產區產品、野生種植產品、高原產品、深海產品、地中海型氣候產品，並賣得比其他沒有地域賣點的同類產品好，這就是因為地域即賣點。

重點㊹　蜜愛蜜：海拔一千一百公尺的高原蜂蜜

很多產品會標示產地，但蜜愛蜜標榜高原地形及海拔高度，而且因為高原的日照量比平原充足，高原蜂蜜富含更多的酶類、維生素、胺基酸。

【客群】需求就是生成賣點的關鍵

不同的客群會產生不同的需求，在不同的階段、年齡、性別、工作環境、時期，每個人的需求都不相同。就像醫院會把病人安排到各個科別，產品也帶有各種性質。例如：商務U形枕讓使用者坐著也能睡著、孕婦枕幫助大腹便便的孕婦躺臥得舒服。

男人、女人、老人、小孩……

油性皮膚、敏感皮膚……

病人、懷孕期、生理期……

老闆、教師、司機……

像上述這樣細分客群，為特定人研發產品，將特定客群作為產品的特殊賣點，是相當重要的賣點差異化方法。

故事 55 為術後亟需恢復病患特製且適合送禮的保健品

保健品行業很特殊，因為保健品也是食品，所以消費者對它的安全性、功效、品牌背景有特別嚴苛的要求，不是知名品牌很難在這個行業裡生存。

初元是一個典型案例，它在保健品競爭很激烈的時期進入市場，市面上已經存在諸如腦白金、養生堂、康恩貝、善存、湯臣倍健這樣的大品牌。

面對這些強勢的對手，該拿什麼去競爭呢？於是，初元鎖定特殊客群：剛做完手術亟需恢復的病人（圖 16-1）。

去醫院探望病人時，必然會帶禮物，多數人會帶水果籃，一部分人會買保健品，對初元來說這是極好的切入點。

初元為口服液產品找到精準的客群——手術後需要補充營養

【圖 16-1】初元的推廣廣告

的人。初元是「出院」的諧音，「看病人，送初元」、「送健康，選初元」等宣傳口號讓初元變得家喻戶曉。

人總有生病的時候，病人的區隔不在年齡和性別，而是特定時期的特殊狀態，甚至是人們的職業、狀態、年齡、性別都可以成為產品的賣點。

重點㊺　初元：專為病人特製的保健品牌

初元找到精準的客群，針對手術後需要補充營養的病人，因為人總有生病的時候。

故事56　鎖定年輕客群，打入姐妹聚會市場的青春雞尾酒

RIO（鋭澳）雞尾酒是以性別為賣點的案例。十年前，鋭澳差點在市場夭折，如今佔據近百億的市場，關鍵是找到品牌的突破點：有男人喝的酒，也應該有女人喝的酒。這一賣點將兼具酒和飲料特點的鋭澳雞尾酒，打造成半年營收十六億人民幣的爆款。

十年前，百潤香精公司總裁劉曉東為了談生意經常出入上海夜店。當時，百潤香精在中國一年的銷售額，抵不過一套雞尾酒在上海十三家夜店一個月的銷售額。上海夜店燈紅酒綠，啤酒、洋酒、飲料三分天下。凡有利潤就有誘惑，劉曉東不禁心動，打算進攻夜店市場。

劉曉東不敢直接與洋酒硬碰硬，因為軒尼詩、人頭馬、芝華士、帝王伏特加個個財大氣粗。劉曉東別出心裁地把伏特加和果汁加在一起，兼具酒和飲料特點的新產品「鋭澳預調雞尾酒」便誕生了。

權衡再三，劉曉東將鋭澳雞尾酒訂價為二〇元人民幣（夜店通常比一般管道貴一倍以上），希望能低調啃下一小塊市場。沒想到鋭澳二〇元的定價讓洋酒品牌看不起，但和雪碧、可樂的價格相近，招致飲料品牌不滿。

在夜店基礎深厚的雪碧、可樂等品牌，悄悄把酒保和服務員安插在鋭澳促銷員周圍。為了拉攏酒保和服務生，雪碧還根據瓶蓋的數量給對方計算折扣。

劉曉東狠心把鋭澳零售價提高到三〇元，希望更高的利潤空間可以獲得酒保和服務生的推薦，但此舉又犯大忌，三〇元的價格剛好卡進啤酒的陣營。

這一舉動立刻引起啤酒品牌反彈，青島啤酒率先施壓，先是包場，後是買斷。百威隨後發難，將促銷員增加一倍，以二比一的策略死纏住鋭澳。之後海尼根、健力士、可樂娜也群起圍攻，極度匱乏夜店經驗的鋭澳最終寡不敵眾。

此時，有一雙眼睛默默關注著四面受敵的劉曉東，他就是古巴百加得酒業亞太區掌門海洛德·戴維克。他認為百加得旗下雖有灰雁伏特加、帝王威士忌、卡薩多雷龍舌蘭等數十個烈酒品牌，但亟需開闢新點。鋭澳的橫衝直撞，讓戴維克發現了市場機會。於是，銳澳再添一個新對手，百加得推出冰銳朗姆預調雞尾酒，這款酒雖然憑藉集團勢力毫不費力地進入上海最知名的十三家夜店，但幾乎重蹈銳澳覆轍。

二〇〇八年，冰銳銷售慘澹，在偌大的上海銷售額僅有幾百萬人民幣，遭到英國總部批評，而當時銳澳也負債二千五百多萬元。百潤董事會象徵性收了劉曉東一百元人民幣，把銳澳品牌賣給他，是懲罰也給他面子。

離開夜店市場轉戰「白場」（相對夜店而言），銳澳不把酒賣給酒吧、夜店裡的人，轉折就從這裡開始（圖 16-2）。

劉曉東醒悟預調酒的出路不在夜店，而是追逐時尚

【圖 16-2】RIO 雞尾酒的推廣廣告

的年輕人！他打出定位更精準的「姐妹聚會的青春小酒」口號，直接將產品定位在年輕女性，並且宣稱這是白場雞尾酒。

初入社會的年輕女性聚會頻繁，喝飲料不能助興，喝酒容易失態，因此「姐妹聚會的青春小酒」顯得時尚精緻又有風範。

銳澳在定位和行銷戰略上做得很成功，主打年輕人和時尚女性偏愛的低酒精飲品。銳澳在二〇一〇年盈利一千多萬人民幣，二〇一三年填滿預調酒貨架上的空白，並且一口氣從上海、深圳擴展至整個華東、華北，並順勢進入西北、西南。

銳澳是誕生於二〇〇二年的年輕品牌，在與百年酒業百加得旗下品牌冰銳對壘近十年後，終於超越對手成為行業第一，震驚業界。

重點㊻　RIO：讓酒有了男女之分

RIO在夜店市場經歷慘痛教訓後，把調酒的出路鎖定在追逐時尚的年輕人，甚至是年輕女性的聚會場合，才得以翻身成今日的RIO。

故事 57 專為學生設計，可翻譯單字、識別題目並搜尋學習資源的手機

手機領域的外國品牌有蘋果、三星兩大巨頭，中國品牌有小米、OPPO、vivo等。這個行業的產品更迭速度很快，任何功能上的領先都可能改變自身的市場定位，所以很多手機品牌在技術研發和配備的升級上不遺餘力、推陳出新。

隨著手機業的快速發展，現在市場基本上已經飽和，但是這不代表沒有其他機會。多數手機著重功能賣點，還未出現以客群做分眾的強大對手。

步步高看準這個機會，進一步細分市場和鎖定特定用戶，於是步步高旗下專為學生打造的新品牌 imoo 誕生了（圖 16-3）。imoo 鎖定學生客群為目標市場，使步步高成為手機中的黑馬品牌。

現在，智慧型手機在學生客群中越來越普及，但現實情況是學生使用手機易產

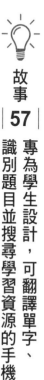

生負面影響，這一點讓很多家長非常頭痛，所以步步高推出的 imoo 學習手機對他們有極大吸引力。

學生市場的潛力巨大，有資料顯示：中國中小學學生接近3億，且使用手機的比例超過八〇%。許多中小學生用方便聯繫當理由，要求家長買手機，但其實最後多用來聊天、玩遊戲、看小說。

家長可以用 imoo 手機，分配和管理孩子使用手機的時間，減輕智慧型手機帶給孩子的負面影響。

imoo 最大的特色就是一鍵 Get 功能，該功能支援用戶可以在鎖屏狀態下，開啟攝影機鏡頭進行掃描，還可以翻譯單字及智慧識別題目內容，搜尋出相關的學習資源，提供評析、解題方法和名師的講解影片。

一鍵 Get 功能，又叫「一鍵搜」，在 imoo 學習手

【圖 16-3】imoo 手機的推廣廣告

機上擁有獨立介面，有游標與視窗兩種模式。游標模式下開啟一鍵 Get 後，螢幕會處於黑屏狀態，在掃描題目時，螢幕上僅會提示掃描時的注意事項。視窗模式在掃描時，能一併將題目直接顯示在手機螢幕上，直觀又明瞭。

事實上，imoo 不是步步高突然推出的品牌，而是早就布局的一步棋。儘管「學習」和「手機」在多數人眼裡彼此矛盾，但 imoo 手機成功解決家長的顧慮，一上市就廣受很多家長和學生歡迎。

重點 57　imoo：讓家長放心的學習手機

中國中小學學生接近三億，且持有手機的比例超過八〇%。imoo 學習手機看準這個龐大商機而誕生，且扭轉家長對學生使用手機的疑慮。

故事 58 尿布也能分男女？專為女寶寶生理構造設計的尿布

消費者購買尿布時，多半會選擇花王和幫寶適這樣的大品牌。很多品牌想跨界到尿布領域，最後都無疾而終，連安爾樂這樣的大品牌也無法與花王和幫寶適抗衡。

優吉兒就是在這種背景下進入尿布市場，而且成功了。拋開功能競爭，以客群為賣點，做女嬰專用的尿布（圖16-4），如今行業內無人不知無人不曉。

優吉兒的研發團隊經過長期的研究和分析，發現男嬰與女嬰用同一種尿布是不對的，因為女嬰與男嬰的生理結構不同。男嬰的生殖器外顯，可以保護自己不接觸尿液，而女嬰用普通尿布仍會接觸到尿液，可能因細菌滋生而引發感染。

【圖 16-4】優吉兒的推銷廣告

於是，優吉兒根據女嬰的生理結構研發女嬰專用尿布，並一戰成名，成功從花王和幫寶適壟斷的市場當中殺出一條血路。

重點 ㊿⑧ 優吉兒：女嬰專用尿布

優吉兒根據女嬰的生理結構研發專用尿布，成功在尿布大廠的壟斷市場中，區隔出新的主力客群。

故事 59 產後婦女專用、更潔淨且吸收量更大的惡露衛生棉

十月結晶是針對產婦三週惡露期的衛生棉。這個時期需要特殊的衛生棉護理，

因為護理不當便會感染。

產婦衛生棉與普通衛生棉有何區別呢？從材質上來講，十月結晶的產婦衛生棉專為惡露期特製，使用「不織布＋棉材」，既加厚又透氣，再多惡露都能吸收。

從回滲來講，一般的衛生棉無法應付惡露期的排出量，而十月結晶的吸收力為普通衛生棉的九倍，能有效防止回滲。

從防側漏功能來講，加大加厚的十月結晶，完全避免側漏的困擾，最適合在量多的惡露期使用。

從健康來講，一般衛生棉的成分較複雜，容易使產婦在惡露期內感染婦科疾病，而十月結晶不含化學纖維成分，已達醫用級別。

十月結晶針對特殊客群、特殊時間、特殊需求，創造出特殊的產品，成功佔據為期三

【圖 16-5】十月結晶的推廣廣告

週的產婦衛生棉市場（圖16-5）。因此，客群不僅可以分年齡，還可以分時期、角色、狀態，這些都可以包含在賣點的策劃範圍內。

客群即賣點，每一種客群分類，都會在需求上產生不同的細微分別，而需求的區隔就是產生賣點的根源。客群有性別之分，所以健身房應該分男女，因為男女的身體結構和運動量不一樣。諸如行動電源可以分男女，汽車品牌也可以分男女。客群有年齡之分，所以奶粉有嬰兒奶粉、兒童鈣奶、老年高鈣奶粉等，尿布有嬰兒尿布、成人尿布。客群有角色之分，所以有親子裝、工作服、職業裝。客群有不同的狀態，客群的各種性質就是賣點的策劃點，你的產品也應該從這樣的角度策劃或布局。

重點㊾　十月結晶：惡露期專用衛生棉

產婦產後會排出為期三週的惡露，十月結晶挑準這個特殊時期，研發出惡露期專用衛生棉，開闢出新的客群賣點。

【專家背書】因為你相信，就可以有效植入新認知

我們討論消費者決策的影響因素時，不得不提一個影響因子——專家。因為資訊不對稱，所以人們更容易相信專家的引導。

專家可以是行業的意見領袖、權威機構、研究中心或專業人士，這些機構和人的觀點就是賣點。很多品牌都會請專家背書，借專家之口來修正人們的認知，並植入新的認知，甚至會直接以專家為品牌名，像是王老吉涼茶、銅師傅、王木匠等。

專家是具備協力廠商觀點的賣點，一款產品若找到專家背書，就能跳脫低價競爭，甚至為行業下定義、訂出高價，愛德華潤眼燈就是這樣的典型案例。

故事 60 由醫學和光學專家聯合研發的抗藍光潤眼燈

護眼燈是很難做的行業，因為這項產品的技術含量比較低，價格競爭非常嚴重，而

且多為大品牌公司之間的戰爭。網路上的護眼燈價格曾有過九塊九人民幣包郵錢的時期，行業內的競價惡戰使護眼燈的售價一度落在二〇塊人民幣以內。

在大部分護眼燈產品都不賺錢的時候，一個不知名的品牌突然崛起，並且獲利頗豐，這個品牌就是愛德華醫生。它把護眼燈產品賣到一千四百九十九元人民幣，而且還有很多人買，因為主打專家賣點。它的品牌廣告詞是「醫師研發，護眼選它」，因為潤眼燈是由醫學專家與光學專家聯合研發其產品（圖17-1）。

早在二〇〇三年，美國眼科視光醫師學會（American Academy of Optometry）主席丹尼博士收到大量人們視力受損的求救資訊後，展開一系列的宣導，於是美國聖盧克眼科醫院主治醫師愛德華・哈格特率領12名眼科專家團隊進行調查。

二〇一〇年在美國眼科視光醫師學會上，丹尼博士公布眼科專家們驚人的調查結果：市場上絕大部分的照明燈，都含有對眼球有極大傷害的藍光，長期在有害的藍光下閱讀，會導致近視、白內障，甚至失明。愛德華潤眼燈非常擅長打專家概念，它直接引用該年的報告：光化學傷害是導致視力惡化的重要因素之一。

哈格特醫師強調藍光的危害：藍光是一種高能量可見光，可穿透角膜和水晶體，直達黃斑部，加速黃斑部細胞的氧化，對視網膜造成光化學傷害，尤其對兒童視網膜的傷害更為嚴重。

藍光無處不在，大量存在於日常生活當中，太陽、日光燈管、液晶螢幕都會產生，因此藍光經研究證實是最具危害性的可見光。整個護眼燈市場價格如此低廉，原因在於市場上絕大多數燈具、3C數位用材等，從不考慮藍光的問題。

【圖 17-1】愛德華潤眼燈的促銷廣告

藍光對視力的傷害，如同紫外線對皮膚的傷害，平時不易察覺，但經過長時間的沉澱會產生嚴重後果。藍光廣泛存在於人造光源當中，對各類人造成不良的影響，少年、兒童、銀髮族，都容易受到藍光傷害。

愛德華潤眼燈以哈格特醫師的名字命名。他在二〇〇三年到二〇一六年擔任聖盧克眼科醫院弱視科主任，是美國的白內障眼科權威。哈格特和光學專家合作，終於研發出可以防護藍光危害的潤光板技術。

愛德華潤眼燈是依靠哈格特醫師的專家背書，所以才能賣到一千四百九十九元人民幣以上的價格，並且受到很多消費者喜愛，而獲得極高的利潤。

重點⑥⓪ 愛德華：由醫學專家＋光學專家聯合研發的潤眼燈

藍光經研究證實是最具危害性的可見光，但由專家聯合發明的潤眼燈能夠徹底根絕藍光傷害。

故事 61 由骨科醫師推薦避免寶寶骨骼變形的背帶

網路上多數背帶的價格介於三十九元到七十九元人民幣，平均價格都不貴，但只有一個品牌例外，就是 babycare。

為什麼 babycare 能把背帶賣這麼貴？打開它的店鋪首頁，每張圖都寫著一句「骨科醫師推薦使用」，是由美國坎貝爾醫學中心骨科醫師推薦使用的背帶。babycare 還借專家之口言明：劣質背帶在早期是O型腿的成因（圖 17-2）。

babycare 的受力點分布在使用者的腹部、腰部和肩部，不會使人體骨骼產生勞損病變，父母背起來非常省力（圖 17-3）。在設計上，babycare 根據骨科醫師的建議加大凳面，圓形的凳面能讓寶寶坐在上面，可以更大面積地承托住寶寶的大腿根部，使腰椎更省力，避免導致寶寶O型腿。正因為家長擔心寶寶的骨骼發育不健全，才選用骨科醫師推薦的背帶，所以即使售價昂貴，仍成為行業內第一。

重點⑥1　babycare：骨科醫師推薦的嬰兒背帶

babycare 嬰兒背帶的受力點分布在使用者的腹部、腰部和肩部，父母背起來省力，也無須懼怕父母的愛成為孩子的負荷。

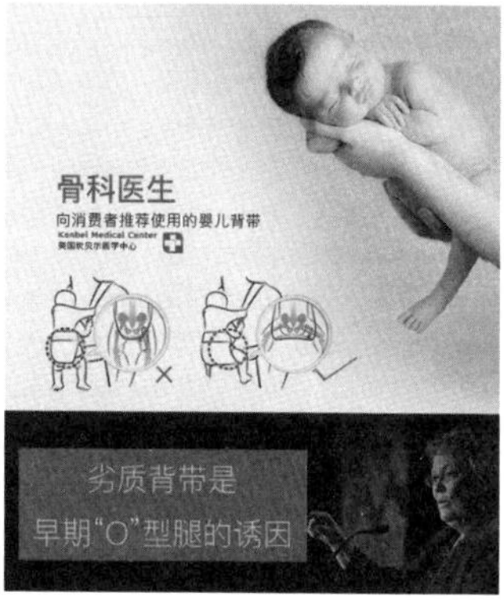

【圖 17-2】
babycare 品牌的促銷廣告

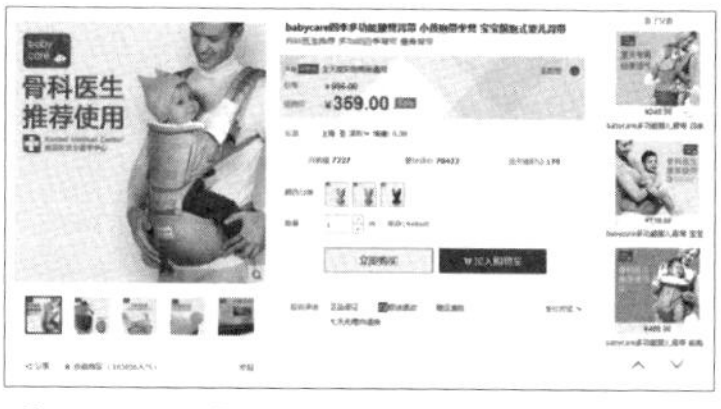

【圖 17-3】babycare 店鋪的首頁

故事 62 翻轉消費者對化妝品認知的保養專家

牛爾旗艦店是以牛爾這個人命名。牛爾本名牛毓麟，人稱牛爾老師，是台北醫學大學醫學檢驗暨生物技術學系畢業，曾任職於歐美知名品牌。他因女性流行資訊節目《女人我最大》闖出知名度，成為新一代美容教主。

牛爾時不時為美容產品代言，代言的廣告在台灣播放，也會在香港有線電視台及巴士上的 Roadshow 播出。著作有《牛爾的愛美書》、《牛爾的美白書》等，奠定他的美容保養專家地位（圖 17-4）。

牛爾說要選擇成分適合自身膚質的化妝品，而臉部最多使用三種品牌，因為不同品牌的成分會互相衝突。有些化妝品不僅效果差，甚至還引起過敏，就是因為化妝品的成分不適合皮

【圖 17-4】牛爾品牌的網頁

膚。

牛爾的成分理論讓一般人對化妝品產生新的認知：不正確的護膚形同毀容，並且開始認真關注正確的護膚方式。牛爾身為護膚專家自然對產品擁有話語權，直接影響消費者對保養品的觀點。專家就是可以從根本上改變思想的賣點。

牛爾曾榮獲搜狐網最佳美容傑出貢獻獎，他的護膚品牌都加註牛爾親研。由護膚專家研製出來的化妝品想必更呵護皮膚，是專家賣點的極佳案例。

重點㉒ 當專家變品牌

消費者會基於對專家的信任，改變自身觀點或相信某個品牌。

故事 63 食神戴龍親研配方！號稱牛腩中的貴族

雕爺成名於電商時代，是一名優秀的品牌策劃大師，深知品牌如何創造賣點。因為專家牌，雕爺牛腩曾名噪一時，成為當下最貴的牛腩。雕爺以五百萬人民幣的價格，買斷戴龍的配方。戴龍是周星馳電影《食神》的原型，那部電影裡的故事有一半來自他本人。周星馳在電影籌備之初，就拜戴龍為師學習廚藝。那句「笨蛋，炒飯要用隔夜飯」，正是戴龍編進電影裡的。

提到戴龍，大部分人不知道他一生有兩道菜最拿手：皇帝炒飯與食神牛腩。這兩道菜受到李嘉誠、霍英東、鄭裕彤等香港名流商賈深深鍾愛，多次請戴龍到家宅親做。就連一九九七年香港回歸當晚，宴會的首席

【圖 17-5】雕爺牛腩的宣傳廣告

行政總廚都是戴龍。戴龍曾說：「一個真正的好廚師，最考驗的不是用名貴食材炫技，恰是用最平凡的食材，做出淳樸而令人心醉的味道，是令食客吃完以後，數月乃至數年過去，嘴裡還能念念不忘的味道。」

雕爺牛腩除了專家元素，還運用另一種意見領袖，就是美食評鑑家和明星。雕爺牛腩在開業初期，因為需要試菜，曾邀請很多明星和名流品嚐，獲得良好評價，因此定價非常高，所以被稱為「牛腩中的貴族」（圖17-5）。

重點⑥③ 雕爺牛腩：食神配方＋意見領袖

雕爺牛腩的配方來自電影《食神》原型的戴龍，而另一種管用的意見領袖便是美食評鑑家、明星和名流。

專家即賣點。優秀的人推薦的產品必定優秀，權威人士製作的產品必定專業，這種想法在人們心中根深柢固。所有品牌都會想盡辦法找專家背書，藉此指導消費者如何選擇，例如：一件衣服有設計師，一款內衣有體驗師，一個玩具有益智教師，甚至一袋稻米也有營養師。

中國有很多品牌是靠專家成就。大品牌會找明星、名人代言，因為人多傾向選擇相信意見領袖，再牢固的認知也會因為專家的新觀點而改弦易轍。

很多新品牌能擊敗老品牌，就是因為提出更新穎的觀點。你的產品有什麼權威和專家元素嗎？你的專家賣點又是什麼？

【理念】要改變消費者原有認知，就得提出你的……

當消費者對產品不夠理解時會用價格高低來判斷好壞，他們的想法就是「便宜沒好貨，好貨不便宜」。若面對價格差異不大的產品，則會跟隨多數人的購買決策，因為「大家都買的肯定沒問題，騙也不只騙我一個」。

消費決策由消費理念決定，那麼消費理念就成為賣點。人們永遠不會比廠商更了解產品，也無法全盤了解企業內幕，因此只能依靠本能的消費理念決策。所以，當出現嶄新或看似科學的理念時，便會改變人們的決策方式。

故事64　金龍魚的科學比例調和油 vs. 魯花的5S物理壓榨

金龍魚能快速起家，是因為在食用油產品有多種標準，而消費者不知道用什麼標準選擇時，它率先提出，只有1:1:1比例的科學調和油才是好的食用油。這套嶄新的行業理念使金龍魚異軍突起，不管同行在貨架上擺多少產品、訂多低的價格、提多少賣點，人們只認定1:1:1的科學比例調和油才是好的食用油。因此，金龍魚的銷售額很快超越所有同行的銷售額總和，壟斷四百億人民幣的食用油市場，直到魯花食用油崛起。

金龍魚提出的賣點是不能被同行複製和更改的，任何一個同行再提出1:2:1，大眾也很難再相信。魯花擊敗金龍魚的原因，除了當時金龍魚正面臨廣告官司和基改食用

【圖 18-1】金龍魚和魯花食用油的理念宣傳廣告

油的信任危機以外，更重要的是魯花提出新的行業標準，就是前文提過的5S物理壓榨。

這套理念被大家接受是因為魯花沒有在比例上做文章，魯花清楚在同樣的概念下消費者只會信一套理念（圖18-1）。魯花從另一個角度告訴大眾，食用油分兩種：一種安全，一種不安全，而物理壓榨是安全的食用油。

重點64 金龍魚和魯花的品牌之爭

金龍魚首先提出1:1:1比例的科學調和油是好的食用油，而魯花從另一個角度提出經過5S物理壓榨的油是安全的食用油，創造食用油新理念。

除了食用油之外，抽油煙機同樣經歷過一場行業的標準之爭，而這也是因為一個理念而獲勝的戰爭，兩個彼此競爭的品牌就是我們熟知的方太與老闆。

故事65 大吸力的抽油煙機扭轉老闆與方太的競爭局面

方太與老闆一直是抽油煙機市場的雙雄，在行業內一直雄踞第一和第二，方太與老闆對於誰才是行業老大向來爭論不休，但兩虎相鬥總歸要分出個輸贏，就抽油煙機這個品項來講，贏的是老闆。

方太一向在抽油煙機市場裡以老大自居，產品口碑一直不錯。老闆想在抽油煙機市場超越方太，但始終無法找到突破口，直到老闆提出嶄新的理念，替行業訂立一個標準。

研究顯示，中老年女性因為長期處於油煙、高溫的環境，罹患肺癌的機率增加二至三倍，而非吸菸女性罹患肺癌的危險原因當中，六〇%來自廚房的油煙。炒菜一小時等於吸入近半包菸，一般的抽油煙機根本無法全面淨化油煙。於是，老闆提出一個嶄新的概念——大吸力。

老闆不生產吸力 $17m^3/min$（每分鐘 17 立方公尺）以下的抽油煙機，而且明確宣布今後將停產非大吸力的抽油煙機。二〇〇八年老闆電器的雙勁芯技術誕生，首創大吸力抽油煙機，將抽油煙機推往大吸力的嶄新時代。

吸力是否為 $17m^3/min$ 以上的抽油煙機成為消費者選擇的標準之一。老闆電器與大吸力這個概念緊緊聯繫在一起，成為行業內嶄新的選擇理念。

方太沒有及時搶佔這塊消費市場，而且它的產品當中還有很多低於 $17m^3/min$ 的排氣量。這個標準讓方太和所有同業都措手不及。

重點 65　方太與老闆的抽油煙機之戰

老闆提出嶄新的大吸力概念，停產吸力 $17m^3/min$ 以下的抽油煙機，這個新標準讓方太和所有同業都措手不及。

越是資訊不對稱的行業，越缺乏標準，人們做選擇時就越傾向本能。所以當一個行業沒有標準，這個市場便充滿機會，因為沒有人替市場訂標準，人們會更需要一個共有的消費理念。

故事 66 破壁料理機38度最大酶活性的溫控新標準

破壁料理機作為新興產品，經過幾次升級。它建立在果汁機的基礎上，目的是要打破植物的細胞壁。然而，破壁料理機是什麼樣的機器呢？行業內並未有具體的標準。破壁料理機從機器的功能，到後來的加熱型，一直在比拼功能，直到祈和電器提出恆溫三十八度才是好的破壁料理機。

消費者購買破壁料理機是為了更有效地吸收果汁中的營養，所以能否把營養充分留存下來，是判斷好壞的關鍵。

祈和電器提出三十八度溫控破壁料理機，因為一度之差就可能造成水果流失營養。

三十八度是什麼概念呢？三十八度是酶活性（enzyme activity）最佳的溫度。酶在三十八度的環境下擁有更高的活性，能充分發揮催化作用，將植化素（phytochemical）的效果增加三倍，也就是喝一杯三十八度的果汁等於喝三杯普通的果汁（圖18-2）。

為了讓這個理念更植入人心，祈和電器還提出三十八度與胃同溫。三十八度接近胃的溫度，溫和不刺激，減輕腸胃負擔，讓養分快速融入每個細胞。

基於這套理念和標準，消費者在選擇破壁料理機時，有基本的決策依據，不是破壁就是好的料理機，而是把營養釋放到最大程度且控溫在三十八度左右才是好的破壁料理機。

38℃！与胃同温
38℃接近胃的温度，温和不刺激，减轻肠胃负担，
能让养分快速融进每一个细胞。

【圖 18-2】祈和電器的行業新標準

同一種產品可以從不同角度提出不同的理念。理念可以從不同的角度闡釋，就像賣點有很多種維度，理念也能從維度找出差異化。例如擠乳器，因為行業內沒有統一的標準，理念的競爭非常激烈。

重點⑯ 祈和電器：38度的恆溫破壁料理機

三十八度是酶活性的最佳溫度，可以讓催化作用充分發揮，使植化素的功效增加三倍，也就是喝一杯三十八度的果汁等於喝三杯普通的果汁。

故事 67 刺激泌乳和舒緩吸乳的雙韻律擠乳器

當各家擠乳器都在打吸力大這張牌的時候，美德樂提出新理念。

美德樂將自身定位為解決餵養母乳問題的品牌商，在擠乳器行業中佔據第一。

為什麼美德樂售價高達一千四百元人民幣，卻仍有很多忠誠的使用者呢？因為美德樂首創雙韻律理論。

美德樂模擬嬰兒的自然吸吮節奏，分為刺激泌乳和舒緩吸乳兩種韻律，讓媽媽感受到寶寶真實的吸吮，進而分泌更多乳汁。因為乳房被吸吮時會產生一定的負壓值，不同頻率會產生不同的值，在不同的階段也需要不同的頻率。在刺激泌乳階段時，每分鐘大於一百個循環頻率，透過微小的力來刺激乳汁產生。在舒緩吸乳階段時，每分鐘需要六十個循環頻率，才會產生更多乳汁（圖18-3）。

美德樂的雙韻律理論合理解釋，為什麼用這款擠乳器會產生更多乳汁，因為擠乳器製造的負壓值是最適當的吸吮力度和頻率。

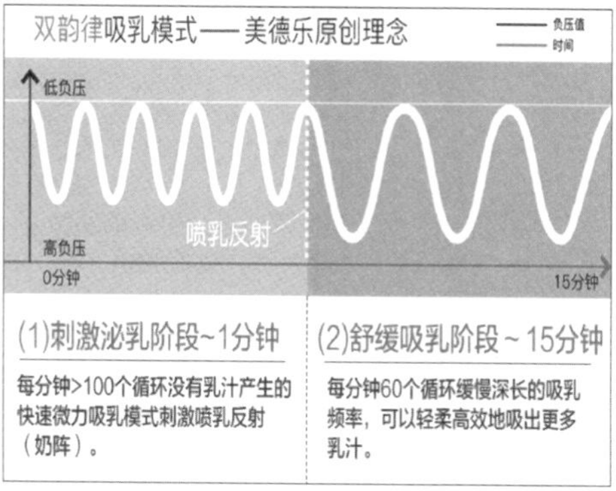
双韵律吸乳模式——美德乐原创理念
负压值
时间
低负压
高负压
喷乳反射
0分钟
15分钟
(1)刺激泌乳阶段~1分钟
每分钟>100个循环没有乳汁产生的快速微力吸乳模式刺激喷乳反射（奶阵）。
(2)舒缓吸乳阶段~15分钟
每分钟60个循环缓慢深长的吸乳频率，可以轻柔高效地吸出更多乳汁。

【圖18-3】美德樂的雙韻律擠乳器理念

重點⑰ 美德樂：解決母乳餵養問題的品牌商

美德樂模擬嬰兒的自然吸吮節奏，提出刺激泌乳與舒緩吸乳的雙韻律原創理論，幫助產後婦女分泌更多乳汁。

故事 68 「1.48秒／次」接近嬰兒真實吸吮頻率的仿真擠乳

雖然美德樂創造出自己的理論，但並沒有明確定義什麼是真實的嬰兒吸吮頻率，而可瑞爾抓住了這個機會。

可瑞爾提出越接近嬰兒真實的吸吮頻率，乳汁就分泌得越多，而可瑞爾主張「一．四八秒／次」最接近嬰兒真實的吸吮頻率，因此成為擠乳器吸吮頻率的標準。這個標準為可瑞爾帶來仿真擠乳器的美名（圖18-4）。

可瑞爾的擠乳器已經研發到第三代。第一代是按壓式擠乳器，擠乳費時又費力，媽媽容易感到手痠。

第二代是分體式電動擠乳器，不可隨意走動，不能充電，很不方便使用。

第三代改良為一體式的擠乳器，可充電且便於攜帶，還是最接近嬰兒真實吸吮頻率的擠乳器，廣受消費者歡迎，這款產品年銷量高達十萬組。

【圖 18-4】
可瑞爾品牌的宣傳口號

重點㊽　可瑞爾：仿真的嬰兒吸吮頻率

可瑞爾提出越接近嬰兒真實的吸吮頻率，乳汁就分泌得越多，明確定義出「一・四八秒／次」的吸吮標準，而廣受消費者歡迎。

故事 69 不疼痛的擠乳器，呵護乳房的無痛主義宣導者

其他擠乳器品牌多是利用吸、放的動作來刺激乳房，但是長期如此拉伸會嚴重傷害乳房。

小白熊創造出一款微振動的無痛擠乳器，就是在「吸—放」的步驟之間，加入微振動，形成「吸—緩衝微振動—放」這樣較舒適的頻率，讓使用者在「吸—放」的過程裡，不會產生明顯的疼痛感（圖18-5）。

小白熊這款不疼痛的擠乳器，成為行業內的唯一賣點，廣受很多媽媽歡迎。

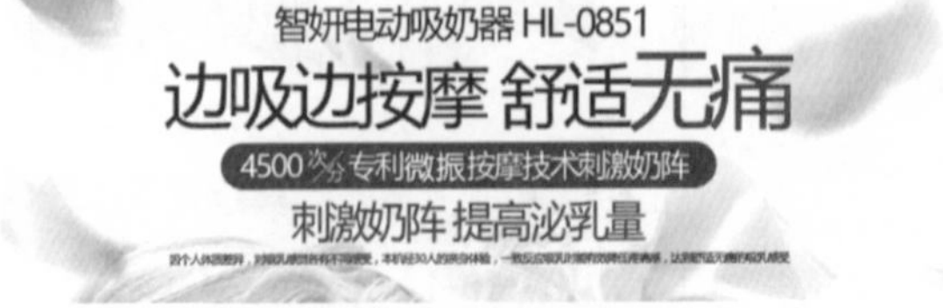

【圖 18-5】小白熊擠乳器的推廣口號

擠乳器的案例充分顯示出，每個產品都可以從不同角度來樹立新理念。每種理念都是一個消費決策的賣點，甚至足以改變人們的認知。好的決策理念會建立在原有的決策經驗上，也就是借用已有的消費理念，例如：借用「隔夜水不能喝」的概念，使消費者在短時間內就接受隔夜母乳不能喝。

每個行業都可以找出理念賣點，請思考一下自己所在的行業有什麼能直接影響消費決策的理念。

重點 ⑲　小白熊：不疼痛的擠乳器

他牌擠乳器利用吸、放的動作刺激乳房，但是長期如此拉伸會嚴重傷害乳房，因此小白熊推出加入緩衝微振動的無痛擠乳器，成為行業內的嶄新理念。

【概念】抽象、少見的新說法，引導人們用感覺做選擇

概念是所有賣點中稀缺的貨幣。為什麼稀缺呢？因為概念賣點能直接帶來經濟效益。概念是虛賣點，一個好概念使產品具備獨家性和超越性，也因為是虛擬的，所以具備不可複製和唯一性。因此，善用概念賣點就能夠實現絕對的差異化競爭。

概念不同於任何類型的賣點，新的概念可以在人們心中產生巨大吸引力。概念賣點是向消費者展示抽象的、少見的、有思維含金量的新賣點，它缺乏直觀感受且虛擬，但同時兼具科技感與神祕感。

例如：水有分軟水和硬水，但在一般人的認知裡，可能根本不知道水有軟水和硬水的區別。軟水是指鈣、鎂化合物含量較低的水，是無法感受的概念，但仍然可成為重要的關鍵賣點，使人們做出感覺傾向的選擇。雖然炒作概念會令人詬病，不過行銷策劃人發現，概念是最能夠佔領消費者心理的法寶。

故事70 經歷概念炒作的稻米，身價瞬間翻倍

稻米行業經歷過概念之戰，單價越炒越高，一粒米被新概念包裝成奢侈品。區分稻米好壞最簡單的方法，不外乎是地域。大眾公認的好米是東北稻米或泰國稻米，這類稻米的價格也只是比普通稻米貴一點點。

有機這個概念讓稻米的身價瞬間翻倍，價格從一公斤幾塊錢上漲到一公斤十幾塊人民幣。自此以後，幾乎所有的稻米品牌都開始強調自己是有機稻米，其實它與一般稻米的口感沒有什麼區別，也難以用肉眼辨認有機和非有機，但消費者從中獲得心理安慰。

然而，有機米還不是最精彩的，孕嬰米才

【圖 19-1】孕嬰米

出人意料。第一次見到自稱孕嬰米的品牌時，不禁為這個策劃拍案叫絕。孕嬰米是專門供孕婦和嬰兒吃的稻米，它與普通稻米的差別在於含有粗纖維，所以營養價值高。就這樣一個小小的概念，就把稻米變成孕婦、嬰兒專食的產品（圖19-1）。

重點⑩ 概念米的神奇魔力

平凡無奇的一粒米，加入新奇的概念，便可以讓身單價翻倍，甚至翻轉消費者的決策和認知。

故事 71 形成抑菌環境，可對抗變異細菌的香皂

舒膚佳一直在香皂等洗護產品擁有高市場佔有率。舒膚佳香皂因為含除菌、抑菌成分，所以有優良的制菌效果。一般來說，洗手除菌僅是機械除菌，洗完手後還會再接觸到很多細菌，但使用舒膚佳洗手可以形成抑菌環境。總之，抑菌成分的概念讓舒膚佳的抗菌香皂地位十分穩固。

衛寶提出新概念挑戰舒膚佳。衛寶是專門針對變異細菌的香皂，它的廣告頻繁出現「變異細菌」一的字樣（圖 19-2）。細菌會變異是大家都認同的觀念，所以現在的細菌和以前的不一樣。以前，使用普通的香皂就可以殺死普通細菌，而現在的細菌已經適應之前的香皂產生變異，要用新一代的香皂才能對抗變異細菌。

【圖 19-2】衛寶品牌的推廣廣告

衛寶成為家庭衛生的新興選擇之一。至於衛寶能否成為香皂界的黑馬品牌，這就得看它日後的造化。倘若舒膚佳推出針對變異細菌的香皂，那麼「變異細菌專家」可能就不會成為衛寶的品牌標誌。

重點⑪　衛寶：新一代的變異細菌香皂

衛寶先一步提出對抗變異細菌的香皂這個新概念，而成為新概念的領衛者。

故事 72　一台不會累積油垢、會自己洗澡的高溫蒸氣洗抽油煙機

抽油煙機雖然能夠吸除油煙，但是用久會髒，而清理它是一件很麻煩的事情，所以成為很多人的惡夢。

方太和老闆兩個品牌一直是抽油煙機品項的霸主，幾乎位居壟斷地位。但是美的以蒸氣洗抽油煙機的新概念進入市場，且收穫頗豐。

美的推出一款會自己「洗澡」的抽油煙機。廣告中兩個小孩子有一段關於洗澡的對話，講述美的抽油煙機與他牌不同——美的抽油煙機不會累積油垢，因為它會以110度的高溫蒸氣自動清理機器內部（圖19-3），是一台會自我淨化的抽油煙機。

雖然消費者對抽油煙機的最大訴求是油煙處理能力，但是美的在抽油煙機技術普遍成熟的市場上提出蒸氣洗新概念，因而超前其他廠牌。

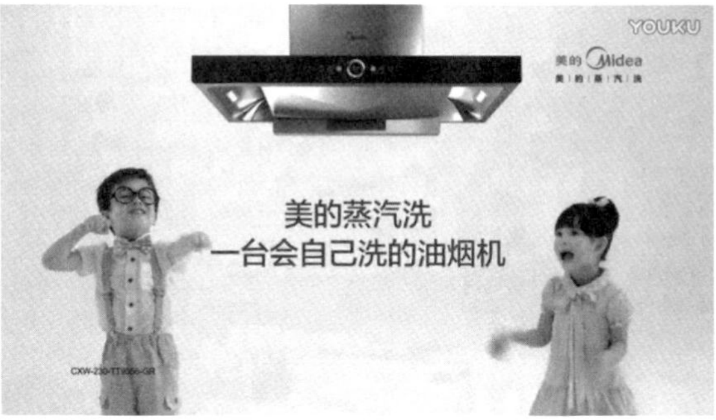

【圖 19-3】美的抽油煙機廣告

概念是只能意會無法感知的賣點，所以擁有巨大的殺傷力。概念意味嶄新的消費標準、獨家的核心技術、莫名的吸引力、無法複製的競爭力，所以當行業已經發展成一片紅海時，企業開始拚命「創」概念，因為概念是沒有任何框架限制的賣點和競爭力。你發現還有哪些品牌用概念在行銷自我？

重點⑫　美的：會自我淨化的抽油煙機

抽油煙機雖然最重要的是油煙處理能力，但清洗它是很多人的惡夢，所以會自我淨化的蒸氣洗是讓消費者有感的需求。

【情懷】內在散發的執著精神，很勵志也超感人

什麼是情懷？情懷是一種高尚的心境、情趣和胸懷。一個高尚的人從內在散發出的執著精神就是情懷。近年來，情懷已經被植入濃濃的商業氣息，好像不提一下情懷，都不好意思說自己是策劃產品的。

說到情懷，最讓人印象深刻的還是錘子科技在二〇一三年時的發布會。整場發布會情懷是羅永浩口中出現頻率最高的兩個字。一邊說要做智慧型手機時代的工匠，一邊將強烈的理念和情感當作最大的賣點。在近幾年中國手機爆發性成長的情勢下，錘子手機憑藉情懷，確實在小而美的市場中獲得立足之地。

情懷被很多新品牌當賣點，因為情懷能讓產品人格化，給人一種親近的人情味，人們不是在消費一件產品，而是與擁有高尚精神、品格、價值觀的產品交流。打情懷的品牌大多是下列幾種模式：

①**堅決不做什麼**——老乾媽堅決不上市櫃、不撈錢。

②**表明只做什麼**——張小泉數百年來恪守「良鋼精作」的祖訓只做剪刀。

③**只做好產品**——同仁堂。

④**偏執追求產品的完美體驗**——蘋果。

⑤**只為少數值得服務的人存在**——奢侈品。

⑥**堅持某種品牌理念或精神**——只接待情侶的餐廳。

如果沒有足夠的品牌背景支撐，很多產品會選擇賣情懷。不過，如果大家都來講情懷，卻不注重產品的品質，那麼情懷就再無用處。有情懷的品牌首先是由一個有情懷的人來成就，因情懷而成功的品牌，除了錘子手機以外最值得推崇的就數褚橙。

故事 73 一顆勵志的褚橙，褚時健的波瀾人生

褚時健（註：於二〇一九年三月逝世，享耆壽91歲）曾經是商場上一代風雲人物，他是雲南紅塔和玉溪菸草集團董事長，是中國有名的「菸草大王」。一九九四年，褚時健被評為中國十大改革風雲人物。他使紅塔山香菸成為中國名牌，使玉溪捲菸廠成為亞洲第一、世界排名前列的現代化大型菸草企業。一九九九年一月九日，褚時健因經濟問題被判決無期徒刑、褫奪公權終身，後於二〇〇一年減刑為17年有期徒刑，同年五月因糖尿病獲准保外就醫。71歲入獄，74歲開始種橙。85歲東山再起身家再度過億。

在二〇〇二年保外就醫期間，褚時健和妻子在哀牢山上開始種橙。二〇一二年十一月，84歲的褚時健種植的「褚橙」於電商管道開始販售。褚橙因品質優良，甫上市就銷售一空，褚時健又成為了「中國橙王」。

褚橙是在這樣勵志的企業家手中誕生。二〇〇二年褚時健開始種柳橙樹，當時他選擇冰糖橙，這種品種的種植週期為5年，也就是要到二〇〇七年才能結果。

《褚橙方法》詳細講述褚時健與其夫人如何種植柳橙，做到讓每個柳橙都一樣甜。書中有兩點讓我感觸很深，一個是耐心，另一個是用科學的方法使柳橙的口味標準化（圖20-1）。

很多創業者缺乏耐心，在當今的創業風潮中，事業都還沒啟動就敢跟風險投資公司要上千萬人民幣。農業雖然和網路創業不同，但是褚時健的這種種地精神值得學習。他花數年時間將板結❶的土地灌溉成沃土，再種出果子又是數年時間。

褚橙堅持有機肥種植，細緻掌控農藥的

❶ **板結：**土壤因結構不良，缺乏有機質，以致灌溉或降雨後土質變硬，而不適合農作物生長。

【圖 20-1】褚橙勵志故事（a）

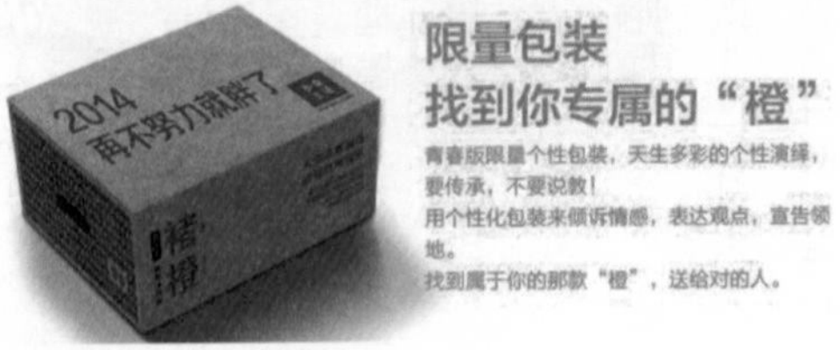

【圖 20-1】褚橙勵志故事（b）

使用量，以確保柳橙的品質，而不是只關注產量。褚時健堅持每畝地只種80棵樹、每棵樹留240朵花，植株間距2公尺、行距3公尺，一棵樹每年僅施150公斤的有機肥，每年剪枝3次，多年的經驗累積和嚴格的標準化種植，才得以實現褚橙口味的標準化。

這是農業種植方法上的創新，與做手機等科技產品一樣，精雕細磨找出消費者痛點。手機創新是為了讓使用體驗更好，柳橙創新則為確保口感一致，讓人吃一口就知道是褚橙。

萬科集團創始人王石認為這就是

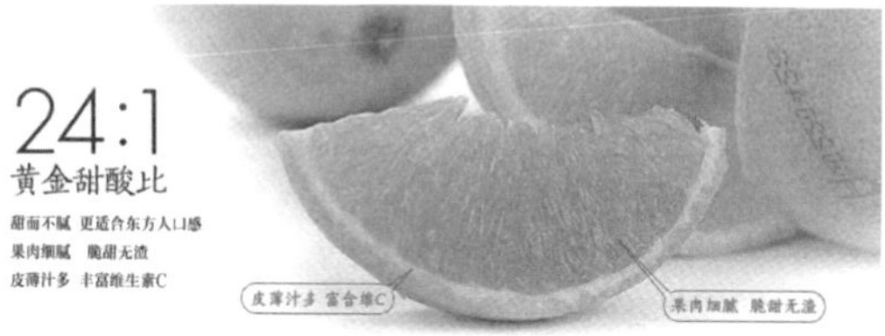

【圖 20-1】褚橙勵志故事（c）

【圖 20-1】褚橙勵志故事（d）

中國傳統的工匠精神。在褚時健種橙第二年（即是二〇〇三年），王石就來拜訪過褚時健，他當時的激情令王石震驚，但王石沒想到他會成功。當年萬科集團訂購10噸褚橙，但那時的褚橙並不好吃。王石第二次來拜訪褚時健時已是11年後，全中國都說褚橙是「勵志橙」，褚時健真的成功了。

為什麼褚橙成為眾人眼中的勵志橙？除了褚橙好吃以外，更重要的是褚橙擁有不可複製的情懷價值，因為褚橙的成功輝映褚時健大起大落的人生經歷，「人生總有起落，精神終可傳承」這一句話將褚橙變成一種可貴的時代精神。

重點⑦③　褚橙的奇蹟

褚時健於古稀之年開始種橙，經驗累積再加上嚴格的標準化種植，十年後重振為中國橙王，其大起大落的人生讓褚橙的成功更添傳奇。

故事 74 有原則的玫瑰品牌——玫瑰一生只送一人

奢華的玫瑰品牌諾誓（roseonly），專注打造愛情信物的經營路線，大膽制訂「一生只送一人」的離奇規則。諾誓一開始就定位為奢侈品牌，自創業就打出玫瑰一生只送一人的情懷概念，徹底拉開與普通花店的差距（圖 20-2）。

自二〇一三年成立以來，諾誓的銷售成長每年都超過一〇〇%，光是二〇一六年的情人節銷售額就逼近一億人民幣。

諾誓為了展現極致的品牌情懷和原則，最初只有四種價格：五二〇元（我愛你）、七九九元（妻久久）、九九九元（久久久）、一三一四元（一生一世），後來又推出三九九九元的高價鮮花（註：貨幣單位皆為人民幣）。

諾誓的購買方式很獨特，它家的玫瑰採註冊制，消費者需

【圖 20-2】諾誓「一生只送一人」的行銷概念（a）

要在線上註冊，填寫電子郵件、手機號碼及唯一的指定收禮人，而且一旦註冊終身不能更改。諾誓在官網上會提醒：諾誓的玫瑰一生只送一人，收花人的資訊不可更改。註冊完後將生成一個送花人和收花人共有的唯一碼，為兩人創建一個獨立頁面，確保一生只送一人的承諾。

諾誓的品牌定位從一開始就非常鮮明，靠著一生只送一人的口號擄獲不少少女的心。諾誓打出它們的玫瑰離天堂最近，來自最完美的玫瑰種植地厄瓜多，為歐洲皇室御用的婚禮玫瑰花。俄羅斯富翁或好萊塢明星用的玫瑰花大部分也來自厄瓜多。諾誓挑選厄瓜多玫瑰中最優質的一%，擁有21天的超長花期、150公分的挺拔花枝，以及如心臟般大小高

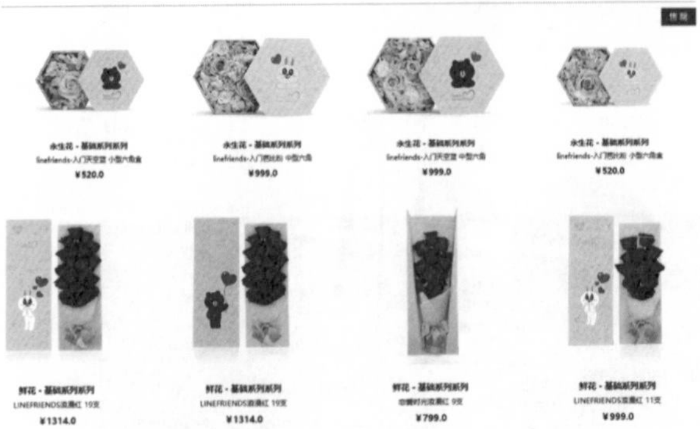

【圖 20-2】諾誓「一生只送一人」的行銷概念（b）

7.6公分以上的花蕾。

二〇一三年九月，諾誓在北京三里屯太古里開第一家實體花店，之後新門市先後開幕於成都國際金融中心、上海嘉里中心、天津恆隆廣場、深圳萬象城、廣州太古匯、杭州銀泰城等大品牌雲集的一線購物中心，諾誓選鄰居、做形象絲毫不馬虎。

諾誓選擇在高級購物中心的一線位置開設門市，和大品牌比鄰，營運成本十分高昂，想打造奢侈品形象的策略一目了然。諾誓走高級路線獲得認可，儘管這只是金字塔頂端一％左右的客群，

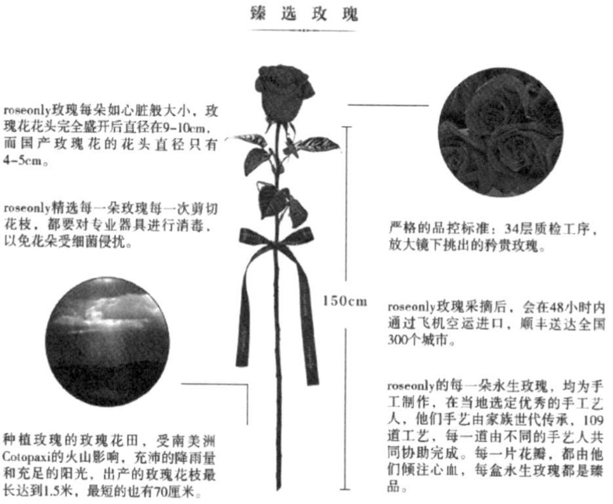
臻选玫瑰
roseonly玫瑰每朵如心脏般大小，玫瑰花花头完全盛开后直径在9-10cm，而国产玫瑰花的花头直径只有4-5cm。
roseonly精选每一朵玫瑰每一次剪切花枝，都要对专业器具进行消毒，以免花朵受细菌侵扰。
种植玫瑰的玫瑰花田，受南美洲Cotopaxi的火山影响，充沛的降雨量和充足的阳光，出产的玫瑰花枝最长达到1.5米，最短的也有70厘米。
150cm
严格的品控标准：34层质检工序，放大镜下挑出的矜贵玫瑰。
roseonly玫瑰采摘后，会在48小时内通过飞机空运进口，顺丰送达全国300个城市。
roseonly的每一朵永生玫瑰，均为手工制作，在当地选定优秀的手工艺人，他们手艺由家族世代传承，109道工艺，每一道由不同的手艺人共同协助完成。每一片花瓣，都由他们倾注心血，每盒永生玫瑰都是臻品。

【圖 20-2】諾誓「一生只送一人」的行銷概念（c）

但在中國能撐出一千億人民幣的鮮花市場，也已經足夠大有可為。

諾誓一開始就以逆襲行業的態勢迅速發展，它的品牌情懷大有故事可講，所以口碑傳播極快。很多人上《緣來非誠勿擾》這樣的綜藝節目拿著這個品牌的鮮花講故事。

諾誓於二〇一五年年底宣布完成一億九千萬人民幣的C輪融資，這筆融資是用來擴展產品線以及為進軍國際市場預做準備。目前諾誓已跨足多個奢侈品領域。

重點㉔　諾誓：玫瑰一生只送一人

諾誓為歐洲皇室御用的婚禮玫瑰花，且只能註冊唯一收禮人，走高價精品路線，渾身都充滿噱頭與浪漫情懷的玫瑰花。

故事75 賣給貼心男人的不過敏衛生棉

二〇一五年，輕生活完成品牌升級並獲得A輪融資，估值七千萬人民幣。輕生活將客群定位在男性，訴求衛生棉可以成為男性送給女友的禮物，所以提出「賣給男人的衛生棉」這樣乍聽怪異卻又別有情懷的賣點。輕生活把這種小巧思反映在禮盒設計上：盒內有一個月用量的衛生棉與裝衛生棉的布包，禮盒中可以放置女友的照片，和男友寫給她的一段話，讓這份禮物充滿浪漫情懷（圖20-3）。

輕生活的創始人天成一開始沒有考慮

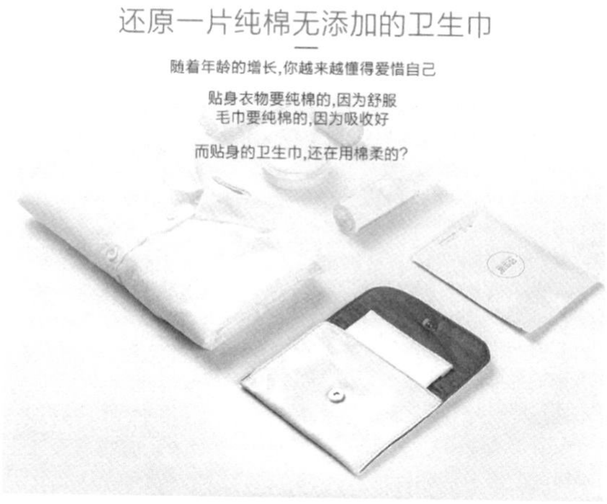
还原一片纯棉无添加的卫生巾
随着年龄的增长,你越来越懂得爱惜自己
贴身衣物要纯棉的,因为舒服
毛巾要纯棉的,因为吸收好
而贴身的卫生巾,还在用棉柔的?

【圖20-3】輕生活品牌的理念（a）

要做衛生棉，甚至覺得男人做衛生棉是很奇怪的事。然而，他女朋友在衛生棉選購上的困擾使他改變想法，因為他的女朋友是敏感體質，目前市面上能買到的衛生棉都會引起過敏，所以只能從國外買，不僅價格貴還非常麻煩。有一次，他女友半開玩笑地提議：「要不做一款衛生棉吧」，讓天成開始認真考慮，為女友生產一款安全又好用的衛生棉。他花7個月的時間研究衛生棉市場，發現這確實是個值得投入的領域，於是決定做自己的衛生棉品牌。

衛生棉行業近十幾年都沒有太大的變化，而且存在過分包裝的問題，以為螢光劑、染色劑、甲醛等產品汙染問題。於是，天成不僅要

轻生活
0致敏美棉
还原一片纯棉无添加的卫生巾

【圖 20-3】輕生活品牌的理念（b）

送女友一份最好的禮物，還希望廣大的女性都能得到更舒適、安全的保障，決心做一款真正安全的衛生棉。

天成與創業夥伴光是尋找合適的材料供應商，就花了4個月。他們研究後發現，杜絕過敏的根源是材質。為了感同身受，他甚至拿自己的臉做實驗，每天睡前、醒來都要用臉蹭一蹭各種材質樣品，以此來挑選最舒服且不過敏的材質。

從材質透氣到防塵，天成都嚴格把關。市面上「棉柔」的主要材質是「化學纖維＋黏著劑」，敏感肌膚會本能反抗，而「純棉」是用天然棉花輕微加工，形成乾淨的純棉表層。

工廠老闆曾經告訴天成，對於大部分不會過敏

还原一片纯棉无添加的卫生巾
棉柔≠纯棉
大多数人以为天然的棉柔，其实是由化纤制成，
纯棉才是全天然的材质。
轻生活采用的美国Strict Middling级棉，温软干净。
价格几乎是化纤材质的三倍，
但这样的柔软和安心，才是我们想给你的。

【圖 20-3】輕生活品牌的理念（c）

的女性來說，她們感受不出純棉和人造纖維的差別，所以沒有必要選用貴五倍的純棉，但是天成堅持選用純棉材質。

團隊花半年打造第一代產品，天成取名為「輕生活」，並推出專屬訂製系列，定位為「男性購買的第一款衛生棉」，禮盒內可以放一張照片或寫一句暖心話。一個女孩收到男朋友如此精緻又貼心的禮物，怎麼會不心動？

動人的故事和貼心的設計，讓輕生活的銷量直線上升。借助新媒體和網路的推廣，也讓輕生活的品牌更深入人心。

輕生活用美國進口的長絨棉當表層原料，為strict midding（第四級美棉）級別，無化學添

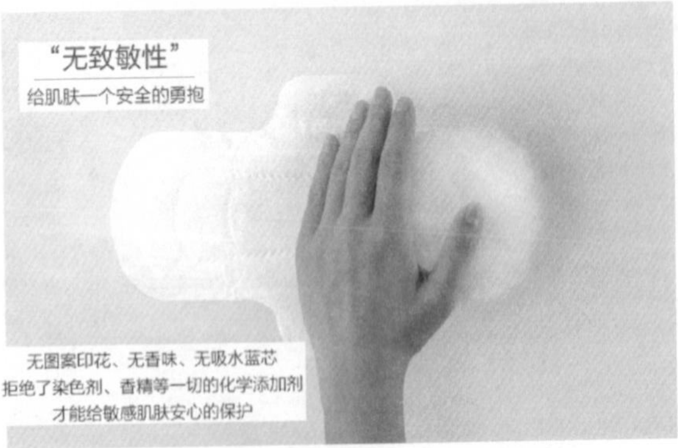

【圖 20-3】輕生活品牌的理念（d）

加劑、零螢光劑、零染色劑、零甲醛，無論產後媽媽還是敏感肌膚，都能放心使用。他們還將日本住友集團生產的高分子吸水樹脂（簡稱SAP，是一種高吸水性的樹脂產品，具備吸收速度快且乾爽的特點）材料壓製在一張薄紙上，使衛生棉的吸水量提升至200毫升，且使用食用級的德國漢高黏著劑，牢固性強，貼合度好，不會移動，更換也能一次到位。

衛生棉這樣私密的物品，不管是女性或男性，購買時多少有些尷尬，所以輕生活的外包裝設計成精緻的盒子，擺脫購買時的尷尬。輕生活是男朋友做的賣給男人的衛生棉，於是一款顛覆體驗的衛生棉就這樣逆勢而起。

【圖 20-3】輕生活品牌的理念（e）

重點⑮　輕生活：賣給男人的衛生棉

專為過敏體質的女性設計，打出賣給男人的衛生棉這樣的情懷賣點，包裝成給女朋友的貼心小禮物，顛覆人們的常態認知。

故事｜76｜瓶身語錄充滿情懷的年輕白酒品牌

江小白在四川異軍突起、遍地開花，在競爭激烈的白酒市場中還保留一份難得的情懷（圖 20-4）。

在江小白之前，五糧液、汾酒等名酒品牌都跟國學、古典文化結合宣傳，讓白酒變得風尚。近年中國傳統文化面臨流失年輕消費客群的危機。當一部分人感嘆「年輕人不懂白酒文化」時，江小白反而認為是「白酒不懂年輕人」。

江小白在整體白酒業慘澹的寒冬中崛起。二〇一三年時白酒行業在冷風中醒來。二〇一四年三月五日，當時的五糧液集團董事長唐橋（註：現任董事長為李曙光）對媒體承認，去年是他掌舵五糧液七年以來，過得最累、最艱難的一年。唐橋當然不會是唯一覺得艱難的人。

「隨便打開一個網站，找到財經版，搜索酒版的上市櫃公司，所有公司都一樣，基本上股價從三月開始就跌到谷底。」酒類電商資深從業人員李剛一邊說一邊用手比劃向下的動作，「真的是底，很慘的那種。」資料顯示在二〇一三年時14家酒企業總市值共蒸發掉二千四百九十億人民幣。

江小白創始人陶石泉則與眾不同，首先他成立一間公司，公司名不叫〇〇白酒廠，也不叫〇〇酒業，而是

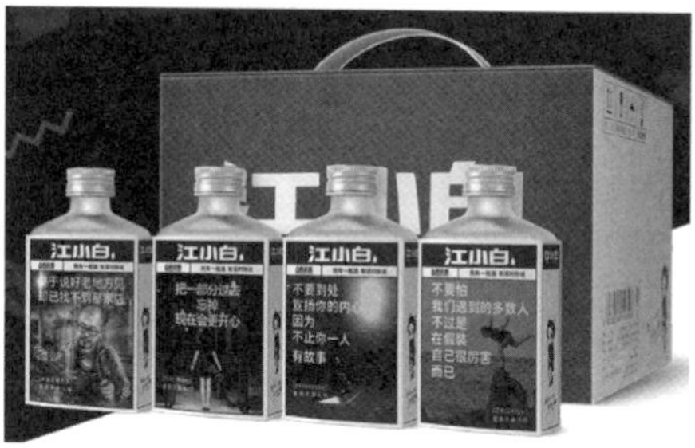

【圖 20-4】江小白白酒（a）

「重慶江小白酒類營銷有限公司」。行銷公司聽起來就像騙子公司，這不科學，但就像它的名字一樣，江小白走上另一條行銷之路，且一路走得風生水起。

與一般的白酒公司不同，江小白和飲料公司的做法類似，有自己的品牌人物形象：略長的黑色頭髮，戴著黑框眼鏡，漫畫標準的大眾臉，打扮是白T恤搭配灰色圍巾，外套是英倫風的黑色長款風衣，下

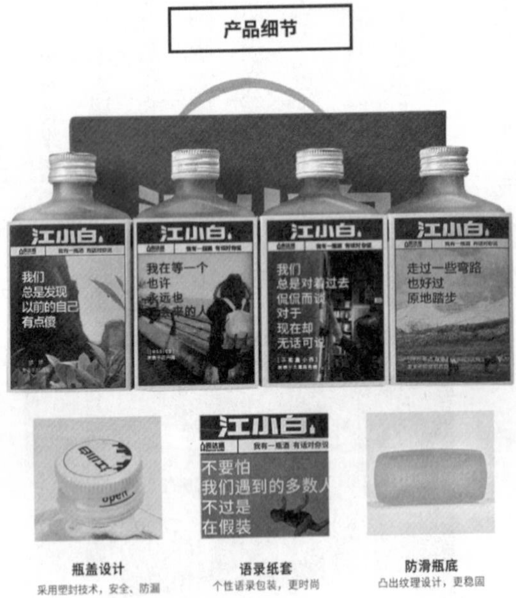
产品细节
江小白
我们
总是发现
以前的自己
有点傻
我们
总是对着过去
侃侃而谈
对于
现在却
无话可说
走过一些弯路
也好过
原地踏步
不要怕
我们遇到的多数人
不过是
在假装
瓶盖设计
采用塑封技术，安全、防漏
语录纸套
个性语录包装，更时尚
防滑瓶底
凸出纹理设计，更稳固

【圖 20-4】江小白白酒（b）

半身配深灰色牛仔褲和棕色休閒鞋，大概就像電視劇《男人幫》中孫紅雷所飾演的顧小白。這也是陶石泉將品牌命名為江小白的由來，小白這個名字簡單又好記。

這家年輕的公司在二〇一三年下半年開始獲利，且整年達收支平衡，銷售額五千萬人民幣。從成立公司到在業內打響名聲，僅花一年的時間。

第一次記住江小白這個品牌，是因為瓶身文案很有情懷和衝擊力。它的崛起是消費者對情懷的一種認可。

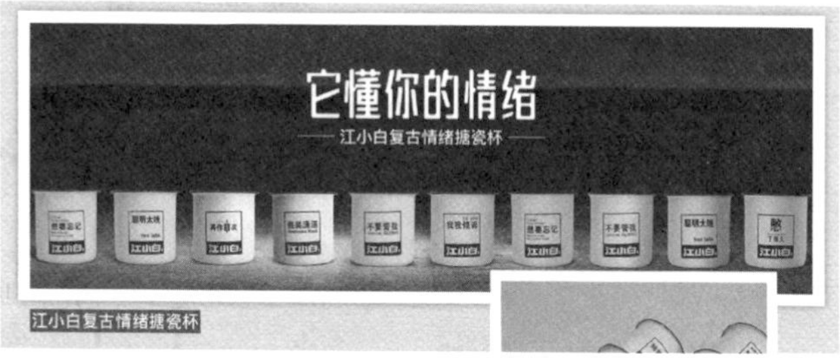

【圖 20-4】江小白白酒（c）

情懷即賣點，情懷就是將品牌人格化、情感化、精神化地傳達給大眾。通常有調性的品牌都打情懷牌。例如：黃太吉煎餅果子也是充滿情懷的品牌，只不過後來因為產品的品質問題，最終被消費者放棄。情懷賣點必須立基於持續追求產品品質、升級消費者體驗，這才是情懷能走得長遠的關鍵。

重點⑯ 有情懷的白酒品牌——江小白

瓶身上印有各式的情懷文案，一款擁有年輕氣息的白酒品牌。

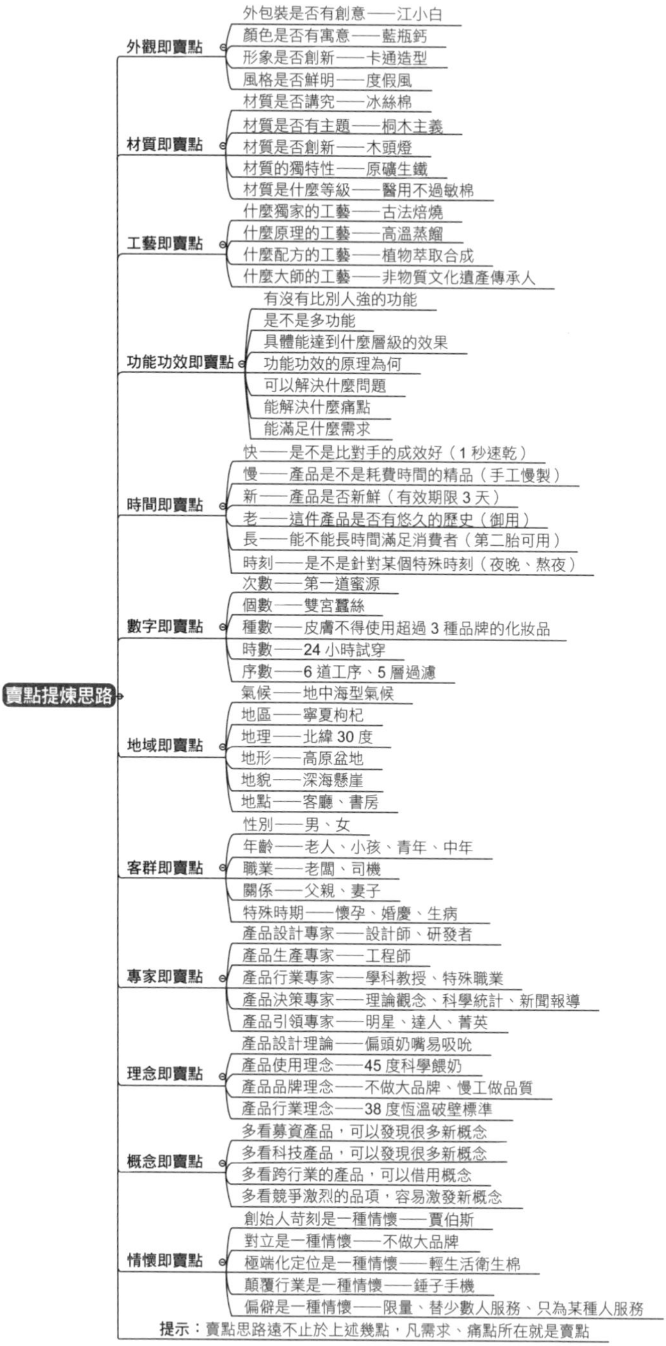
賣點提煉思路
外觀即賣點
外包裝是否有創意——江小白
顏色是否有寓意——藍瓶鈣
形象是否創新——卡通造型
風格是否鮮明——度假風
材質即賣點
材質是否講究——冰絲棉
材質是否有主題——桐木主義
材質是否創新——木頭燈
材質的獨特性——原礦生鐵
材質是什麼等級——醫用不過敏棉
工藝即賣點
什麼獨家的工藝——古法焙燒
什麼原理的工藝——高溫蒸餾
什麼配方的工藝——植物萃取合成
什麼大師的工藝——非物質文化遺產傳承人
功能功效即賣點
有沒有比別人強的功能
是不是多功能
具體能達到什麼層級的效果
功能功效的原理為何
可以解決什麼問題
能解決什麼痛點
能滿足什麼需求
時間即賣點
快——是不是比對手的成效好（1 秒速乾）
慢——產品是不是耗費時間的精品（手工慢製）
新——產品是否新鮮（有效期限 3 天）
老——這件產品是否有悠久的歷史（御用）
長——能不能長時間滿足消費者（第二胎可用）
時刻——是不是針對某個特殊時刻（夜晚、熬夜）
數字即賣點
次數——第一道蜜源
個數——雙宮蠶絲
種數——皮膚不得使用超過 3 種品牌的化妝品
時數——24 小時試穿
序數——6 道工序、5 層過濾
地域即賣點
氣候——地中海型氣候
地區——寧夏枸杞
地理——北緯 30 度
地形——高原盆地
地貌——深海懸崖
地點——客廳、書房
客群即賣點
性別——男、女
年齡——老人、小孩、青年、中年
職業——老闆、司機
關係——父親、妻子
特殊時期——懷孕、婚慶、生病
專家即賣點
產品設計專家——設計師、研發者
產品生產專家——工程師
產品行業專家——學科教授、特殊職業
產品決策專家——理論觀念、科學統計、新聞報導
產品引領專家——明星、達人、菁英
理念即賣點
產品設計理論——偏頭奶嘴易吸吮
產品使用理念——45 度科學餵奶
產品品牌理念——不做大品牌、慢工做品質
產品行業理念——38 度恆溫破壁標準
概念即賣點
多看募資產品，可以發現很多新概念
多看科技產品，可以發現很多新概念
多看跨行業的產品，可以借用概念
多看競爭激烈的品項，容易激發新概念
情懷即賣點
創始人苛刻是一種情懷——賈伯斯
對立是一種情懷——不做大品牌
極端化定位是一種情懷——輕生活衛生棉
顛覆行業是一種情懷——錘子手機
偏僻是一種情懷——限量、替少數人服務、只為某種人服務
提示：賣點思路遠不止於上述幾點，凡需求、痛點所在就是賣點

重點整理

- ☑ 產品最顯性的表達就是外觀，是消費者第一印象的來源，所以產品的外觀最容易創造差異化。
- ☑ 行業中的某種工藝只有業內人士清楚，正因為消費者和競爭對手無法輕易得知，所以更容易包裝成核心賣點。
- ☑ 功能、功效賣點反映產品誕生的意義。每一次的功能升級都可能重新定義一個品類或徹底改變一個行業。
- ☑ 產品功能多並非好現象，因為總有同行模仿和複製，所以產品功能新才是好的賣點，而功能、功效是最能讓人們付費的賣點。
- ☑ 時間是很好的策劃點，代表產品的狀態、來源、獨特性質，耗費時間而成就的產品最珍貴。

- ☑ 用數字表達賣點最直觀，因為好記憶、易於傳播。這個數字必須真實存在，否則反倒讓對手抓住攻擊機會，導致品牌聲望一敗塗地。
- ☑ 地域包含的範圍很廣，包括：地點、地名、地形、地貌、地域氣候、地域文化、地域特質等。地名承載人們對地域的記憶，以及對某地產品的認可。
- ☑ 細分客群研發特定產品，將客群當作產品賣點是很有效的策劃。每種客群有不同的需求，而需求就是產生賣點的根源。
- ☑ 因為資訊不對稱，人們較容易受專家引導。專家就是行業的意見領袖、權威機構、研究中心或專業人士。
- ☑ 概念賣點能帶來經濟效益。一個好概念使產品具備超越性，面對概念消費者會傾向用感覺做決策。

用 5 種圖表盤點產品賣點：

- 根據「顧客需求樣貌」發想
- 分析市場上的競品
- 跨行業擷取靈感
- 產品力重塑再升級
- 用 13 種密碼創造賣點

第 3 篇

5種圖表掀起腦內風暴

顧客需求樣貌	
消費者年齡	例證：18 歲至 28 歲為主，29 歲至 35 歲為輔。
消費者職業	例證：學生／社會新鮮人
消費者性別	例證：女性為主
消費層級	例證：忠誠度低／內衣價格區間 39 ～ 69 元
主要成交關鍵字	例證：豐胸內衣／收副乳內衣／無鋼圈內衣
核心需求	例證：超薄／聚攏／收副乳／防下垂／無鋼圈
未被滿足的需求	例證：超薄型聚攏／超薄型防下垂
附加需求	例證：蜂窩理念／透氣
回饋痛點	例證：不聚攏／擠胸／不透氣
整理來源	客服聊天紀錄／成交關鍵字

競品分析 淨水機案例	
行業內銷量 TOP20 ——產品優勢總結	**例證**：矽藻陶瓷濾芯／保留礦物質／終身保修／銀離子抗菌球／六層過濾……。
行業綜合排名 TOP20 ——產品優勢總結	**例證**：不鏽鋼濾芯／三重活性碳／逆滲透（RO）膜過濾技術……。
行業內單價 TOP20 ——產品優勢總結	**例證**：母嬰超濾礦物質水／「淨水機＋飲水機」二合一／自動清洗／全屋水質淨化……。
中段價位綜合排名 TOP20 ——產品優勢總結	**例證**：不佔地方／磁化濾水／雙層過濾／全屋前置篩檢程式……。
行業高單價 TOP20 ——產品優勢總結	**例證**：奈米過濾技術／智慧型溫控／會燒水的淨水機……。
高價綜合排名 TOP20 ——產品優勢總結	**例證**：大出水口／無鉛不鏽鋼……。
可借用的賣點總結	**例證**：礦物質淨水／ 0.1 微米淨水……。
可升級的賣點總結	**例證**：鹼性水淨水機
整理來源	搜索關鍵字的銷量排名與綜合排名。

跨行業賣點腦內風暴 堅果案例	
相似客群	**例證**：女白領（鴨脖／代餐粉／花茶……） **例證**：營養／新鮮／無菌生產／簽約種植／無添加人工香料／低糖低熱量……
相似品項性質	**例證**：地域性質（精油／茶葉／蜂蜜） **例證**：選用保加利亞契約種植的玫瑰／種半年休耕半年／特定時間採摘……
相似需求	**例證**：營養健康性質（孕產食品／哺乳食品／嬰兒食品） **例證**：低糖低脂／純天然無添加／不上火
總結可借用的賣點	**例證**：低糖低脂／不上火
總結可升級的賣點	**例證**：孕產可食的低脂堅果（減肥塑身）
整理來源	搜索關鍵字的銷量排名與綜合排名

產品升級腦內風暴	
包裝升級	**例證**：包裝全部配上故事
外觀升級	**例證**：彩色的電動剪髮器
材質升級	**例證**：不鏽鋼材質檢測
工藝升級	**例證**：銀離子抗菌＋三層碳過濾技術
功能升級	**例證**：加熱＋淨化＋飲水機
跨界升級	**例證**：會充電的手機殼
整理來源	團隊腦力激盪

賣點設計腦內風暴				
	實賣點	虛賣點	爆點	進化賣點
外觀賣點				
材質賣點				
工藝賣點				
功能賣點				
功效賣點				
時間賣點				
數字賣點				
地域賣點				
客群賣點				
專家賣點				
理念賣點				
概念賣點				
情懷賣點				
整理來源	團隊腦力激盪			

後記　每天用一百種角度看世界

賣點有很多角度，遠不止於以上描述。賣點有極廣的寬度，遠不止一個面向的表述。賣點有極深的深度，可以進化成不同的樣貌或稱呼。賣點源自需求，需求源自追求快樂與逃避痛苦。書中的所有案例，都只是賣點的其中一種呈現方式，而這些還遠遠不足以表達賣點的立體面貌。

三流的企業賣產品，二流的企業賣品牌，一流的企業賣理念。賣點分高低，也分層次，格局決定企業的品牌層級。賣點要不斷進化，才能帶動商業模式的演進更迭。賣點要不斷細分與區隔，才得以在激烈的市場競爭中生存。優秀的品牌策劃人一定都是天馬行空的，每天用一百種角度看世界，看得多就能跨界思考、融會貫通。

如果你對策劃品牌和設計賣點有興趣，可以多和策劃人交流，也許下個創意和黑馬就自然產生了。最後，謹希望本書可以引起你對產品力重塑的一點點思考，這就夠了。

讀者可以利用附錄的圖表開始設計賣點，期待未來在世界某個角落看見你的創意新點子。

附　錄

超爆點腦力時光屋

顧客需求樣貌	
消費者年齡	例證：
消費者職業	例證：
消費者性別	例證：
消費層級	例證：
主要成交關鍵字	例證：
核心需求	例證：
未被滿足的需求	例證：
附加需求	例證：
回饋痛點	例證：
整理來源	

競品分析	
行業內銷量 TOP20 ——產品優勢總結	例證：
行業綜合排名 TOP20 ——產品優勢總結	例證：
行業內單價 TOP20 ——產品優勢總結	例證：
中段價位綜合排名 TOP20 ——產品優勢總結	例證：
行業高單價 TOP20 ——產品優勢總結	例證：
高價綜合排名 TOP20 ——產品優勢總結	例證：
可借用的賣點總結	例證：
可升級的賣點總結	例證：
整理來源	

跨行業賣點腦內風暴	
相似客群	例證：
相似品項性質	例證：
相似需求	例證：
總結可借用的賣點	例證：
總結可升級的賣點	例證：
整理來源	

產品升級腦內風暴	
包裝升級	例證：
外觀升級	例證：
材質升級	例證：
工藝升級	例證：
功能升級	例證：
跨界升級	例證：
整理來源	

賣點設計腦內風暴				
	實賣點	虛賣點	爆點	進化賣點
外觀賣點				
材質賣點				
工藝賣點				
功能賣點				
功效賣點				
時間賣點				
數字賣點				
地域賣點				
客群賣點				
專家賣點				
理念賣點				
概念賣點				
情懷賣點				
整理來源				

NOTE

國家圖書館出版品預行編目（CIP）資料

連行銷鬼才也佩服的 76 個超爆點故事力：我該如何在 Line、臉書推出狂銷產品呢？/ 孫清華 著
－－初版. －－新北市；大樂文化，2020.02
256面；14.8×21公分. –（Business；58）

ISBN 978-957-8710-58-0（平裝）
1. 銷售 2. 行銷策略

496.5 108023206

Business 058

連行銷鬼才也佩服的 76 個超爆點故事力

我該如何在 Line、臉書推出狂銷產品呢？

作　　者／孫清華
封面設計／蕭壽佳
內頁排版／思　思
責任編輯／王姵文
主　　編／皮海屏
發行專員／劉怡安、王薇捷
會計經理／陳碧蘭
發行經理／高世權、呂和儒
總編輯、總經理／蔡連壽
出 版 者／大樂文化有限公司
地址：220 新北市板橋區文化路一段 268 號 18 樓之 1
電話：（02）2258-3656
傳真：（02）2258-3660
詢問購書相關資訊請洽：2258-3656
郵政劃撥帳號／50211045　戶名／大樂文化有限公司

香港發行／豐達出版發行有限公司
地址：香港柴灣永泰道 70 號柴灣工業城 2 期 1805 室
電話：852-2172 6513　傳真：852-2172 4355

法律顧問／第一國際法律事務所余淑杏律師
印　　刷／韋懋實業有限公司

出版日期／2020 年 2 月 17 日
定　　價／290 元（缺頁或損毀的書，請寄回更換）
I S B N　978-957-8710-58-0

優渥叢書

優渥叢書